EUL VERLAG

MARKETING

Herausgegeben von Prof. Dr. Heribert Gierl, Augsburg, Prof. Dr. Roland Helm, Regensburg, Prof. Dr. Frank Huber, Mainz, und Prof. Dr. Henrik Sattler, Hamburg

Band 58
Frank Huber, Frederik Meyer und Oliver Gluth
Mitgliederbindung an Social Network Sites – Eine empirische Analyse zur Aufdeckung von Nutzermotiven
Lohmar – Köln 2012 • 220 S. • € 55,- (D) • ISBN 978-3-8441-0130-0

Band 59
Frank Huber, Julia Hamprecht und Marc Heise
In-Game Advertising erfolgreich platzieren – Eine empirische Analyse in der Konsumgüterbranche
Lohmar – Köln 2012 • 148 S. • € 43,- (D) • ISBN 978-3-8441-0133-1

Band 60
Frank Huber, Isabel Matthes, Julia Hamprecht und Felix Ackermann
Erfolgsfaktoren und Rückwirkungseffekte von Limited Editions – Eine empirische Analyse im FMCG-Markt
Lohmar – Köln 2012 • 152 S. • € 47,- (D) • ISBN 978-3-8441-0147-8

Band 61
Stefan Vollmann, Tim Lindemann und Frank Huber
Open Innovation – Eine empirische Analyse zur Identifikation innovationsbereiter Kunden
Lohmar – Köln 2012 • 108 S. • € 38,- (D) • ISBN 978-3-8441-0153-9

Band 62
Frank Huber, Andrea Weihrauch und Julia Weindel
Erfolgreiche Arbeitgebermarken-Gestaltung bei potentiellen und bestehenden Arbeitnehmern
Lohmar – Köln 2012 • 120 S. • € 42,- (D) • ISBN 978-3-8441-0158-4

Band 63
Frank Huber, Andrea Weihrauch und Michelle Höchst
Orderverhalten von Einkäufern in B2B-Märkten – Eine kausalanalytische Studie zum Wechselspiel von ökonomischen und emotionalen Faktoren
Lohmar – Köln 2012 • 164 S. • € 47,- (D) • ISBN 978-3-8441-0169-0

JOSEF EUL VERLAG

Reihe: Marketing · Band 63

Herausgegeben von Prof. Dr. Heribert Gierl, Augsburg, Prof. Dr. Roland Helm, Regensburg, Prof. Dr. Frank Huber, Mainz, und Prof. Dr. Henrik Sattler, Hamburg

Prof. Dr. Frank Huber
Andrea Weihrauch
Michelle Höchst

Orderverhalten von Einkäufern in B2B-Märkten

Eine kausalanalytische Studie zum Wechselspiel von ökonomischen und emotionalen Faktoren

Mit einem Geleitwort von Anja Gockel

EUL VERLAG

Bibliografische Information der Deutschen Nationalbibliothek

Die Deutsche Nationalbibliothek verzeichnet diese Publikation in der Deutschen Nationalbibliografie; detaillierte bibliografische Daten sind im Internet über <http://dnb.d-nb.de> abrufbar.

ISBN 978-3-8441-0169-0
1. Auflage Juli 2012

JOSEF EUL VERLAG GmbH
Brandsberg 6
53797 Lohmar
Tel.: 0 22 05 / 90 10 6-6
Fax: 0 22 05 / 90 10 6-88
E-Mail: info@eul-verlag.de
http://www.eul-verlag.de

Bei der Herstellung unserer Bücher möchten wir die Umwelt schonen. Dieses Buch ist daher auf säurefreiem, 100% chlorfrei gebleichtem, alterungsbeständigem Papier nach DIN 6738 gedruckt.

Geleitwort

Heute virtuell - morgen reell - und das alles viel zu schnell?
Wie reagiert der Markt auf neue Realitäten?

Der Wandel in der Fashion und Lifestylebranche ist unübersehbar. Der Konkurrenzdruck steigt durch Vertikalisten mit Designerkollektionen wie zum Beispiel Karl Lagerfeld und Co für H&M. Oder durch den steigenden Konkurrenzdruck der jungen Designer, die über Online Blogs und Social Media Plattformen in kürzester Zeit bekannt werden und mittels Online Shopping Portalen schnell im Kleiderschrank der Kunden hängen.

Der Markt ist dynamischer denn je, denn viele Modehersteller bieten Zwischenkollektionen an. Gab es früher nur eine Sommer und Winterkollektion so produzieren Labels heute bis zu zwölf Kollektionen im Jahr. Fakt ist außerdem, dass viele Händler nicht mehr so große Mengen im Voraus ordern, sondern kurzfristig nachordern um ihr Absatzrisiko so gering wie möglich zu halten.

Die Unberechenbarkeit des Marktes bringt Dynamik, aber auch Unsicherheit. Kleidung wird immer mehr zum schnelllebigen Konsumartikel und verliert ihre Seele. Unter diesem enormen Druck leidet die Kreativität, die emotionale Beziehung zum besonderen Lieblingsstück bleibt auf der Strecke. Das Künstlerische als individuelle Ausdrucksform spielt kaum mehr eine Rolle.

Für Hersteller und Designer bedeutet es heutzutage mehr denn je, schnell auf Markttendenzen zu reagieren, jedoch gleichzeitig einen unverwechselbaren Stil herauszuarbeiten um nicht in der Masse unterzugehen. Die Händler müssen sich mit ihren Marken soweit identifizieren, dass ein Transfer zum Kunden glückt und die Abverkaufszahlen stimmen. Denn die Händler entscheiden welche Labels überhaupt eine Chance auf dem Markt bekommen.

Daher müssen die Hersteller alles tun, um die Händler zufrieden zu stellen und zum Wiederkauf des Labels zu bewegen. Doch wie gelingt es, einen Händler dauerhaft für sich zu gewinnen? Inwieweit spielt die emotionale Beziehung des Einkäufers zu dem Label ein Rolle und inwieweit begründen sich die Entscheidungen der Händler ausschließlich auf wirtschaftliche Gesichtspunkte?

Michelle Höchst, Frank Huber und Andrea Weihrauch haben ein Modell entwickelt, das sich erstmalig dieser Frage annimmt. Auf anschauliche Weise arbeiten sie Faktoren heraus, die das Orderverhalten maßgeblich beeinflussen. „Orderverhalten von Einkäufern in B2B Märkten- eine kausalanalytische Studie zum Wechselspiel von ökonomischen und emotionalen Faktoren“ ist ein aktuelles und relevantes Buch, das konkrete und hilfreiche Ansatzpunkte zur Verbesserung der Zufriedenheit von Einkäufern gibt. Ich wünsche den Autoren viel Erfolg mit Ihrem Buch und freue mich, wenn es auf großes Interesse in der Praxis und Forschung stößt.

Mainz, im April 2012

Anja Gockel

Inhaltsverzeichnis

Abbildungsverzeichnis

Tabellenverzeichnis

Abkürzungsverzeichnis

A_{ad}	Attitude toward the Ad
A_b	Attitude toward the Brand
B2B	Business-to-Business
B2C	Business-to-Consumer
bspw.	beispielsweise
bzgl.	bezüglich
bzw.	beziehungsweise
DEV	durchschnittlich erfasste Varianz
et al.	et alii (und andere)
EV-Hypothese	Einstellungs-Verhaltens-Hypothese
f.	folgende
ff.	fortfolgende
H	Hypothese
Hrsg.	Herausgeber
o. S.	ohne Seite
PLS	Partial Least Squares
S.	Seite
u. a.	unter anderem
VIF	Variance Inflation Factor
vgl.	vergleiche
z. B.	zum Beispiel

1 Zur Relevanz des B2B-Orderverhaltens im Modefacheinzelhandel

Der Markt für Mode befindet sich in einem starken Wandel.[1] Die Anzahl der Online-Shops und deren Anteil am Gesamtumsatz nehmen stetig zu. Laut GfK/TW-Kundenmonitor hat fast jeder zweite Deutsche im Jahr 2010 Bekleidung über das Internet gekauft.[2] Auch das Vordringen zumeist ausländischer Vertikalisten[3] mit ihren Monomarkenkonzepten,[4] wie bspw. ZARA oder H&M, und die Zunahme der preisaggressiven Discounter, wie KiK, Takko und NKD, verändern erfolgreich die bisherigen Markstrukturen.[5] So ist der traditionelle Modefacheinzelhandel, d. h. kleine bis mittlere, meist stationäre Betriebe,[6] einem verstärkten Konkurrenzdruck ausgesetzt. Während der gesamte deutsche Bekleidungseinzelhandel im Jahr 2010 ein Umsatzwachstum von etwa 4% gegenüber dem Vorjahr verzeichnen konnte, hatten kleinere Betriebe mit sinkenden Umsätzen zu kämpfen.[7]

Dennoch kommt dem traditionellen Modefacheinzelhandel, welcher die Mehrzahl der Betriebe des Bekleidungseinzelhandels stellt,[8] auch in Zukunft eine bedeutende Rolle zu. Der demografische Wandel führt zu einer Veränderung der Kundenstruktur, da der Anteil älterer Kunden erheblich wächst. Dies stellt eine Chance für den Fachhandel dar, denn es ist davon auszugehen, dass ältere Kunden eine persönliche Beratung in attraktiv gestalteten Läden gegenüber dem Online-Shopping und dem Einkauf bei Vertikalisten, welche nur wenig Personal einsetzen, vorziehen. Auch das Management erfolgreicher Modelabels betont die Bedeutung des Fachhandels. So erklärt Claus-Dietrich Lahrs, der Vorstandsvorsitzende von Hugo Boss: „Marken benötigen den professionellen Fachhandel mehr denn je. Seine Rolle als Soundingboard für kreative Entwicklung, Impulsgeber für die Trends von morgen und Förderer von neuen Marken ist und bleibt von großer Bedeutung. Nicht zuletzt ist seine Fähigkeit ungeschlagen, Markenwelten am Point of Sale eindrucksvoll zu inszenieren“.[9]

---

[1] Vgl. Bhardwaj/Fairhurst (2010), S. 165.
[2] Vgl. Freutel (2010), S. 125.
[3] Als Vertikalisten gelten Unternehmen, welche die gesamte Wertschöpfungskette von dem Design über die Produktion bis zum Verkauf der Produkte in eigenen Stores abdecken. Kennzeichnen sind zudem Monomarkenkonzepte, das Vorhandensein mehrerer Filialen und große Verkaufsflächen. Vgl. Kreimer (2005), S. 3; Ahlert (2006), S. 18
[4] Vgl. Dahan/Peltekoglu (2011), S. 1.
[5] Vgl. Müller (2010), S. 26; Kreimer (2005), S. 3.
[6] Vgl. Horstmann (1997), S. 21.
[7] Vgl. Der Handel (2011), o. S.
[8] Vgl. Der Handel (2011), o. S.
[9] Lahrs (2010), S. 125.

Wie aus den Erläuterungen hervorgeht, stellt der Modefacheinzelhandel auch in Zukunft trotz der steigenden Konkurrenz der Online-Shops, Vertikalisten und Discounter einen wichtigen Absatzkanal dar. Dabei besitzt der Handel als Intermediär zwischen Herstellern und Endkunden eine starke Position, denn er entscheidet, welche Fashionlabels letztendlich für den Endkunden zum Kauf in den Läden erhältlich sind. In diesem Zusammenhang spricht man auch von der „Handelsmacht" der Einkäufer des Modehandels gegenüber den Herstellern,[10] welche sich durch das Kauf- bzw. Orderverhalten der Einkäufer äußert.[11] Für die Modehersteller sind daher die Gründe, welche den Handel bzw. die Einkäufer zum Kauf des Fashionlabels beeinflussen, von hohem Interesse. Die Herausforderung für das Management besteht dann darin, die Bedürfnisse und Anforderungen des Handels gezielt ansprechen und befriedigen zu können. Die spezifischen Besonderheiten und aktuellen Entwicklungen in der Modebranche verstärken diese Problematik.

Die Modebranche befindet sich in ständiger Bewegung, hervorgerufen durch schnelllebige Modetrends. In jeder Saison überdenken die Einkäufer ihr Sortiment neu und ziehen auch bisher nicht georderte Labels in ihre Kaufentscheidung mit ein; so tauschen Einkäufer im Schnitt mehr als ein Drittel ihres Sortiments aus.[12] Dabei wird das Marktangebot durch schnell abrufbare Informationen über die Anbieter per Internet immer transparenter. Für den Modehersteller ergibt sich dadurch ein hohes Absatzrisiko, da er nicht auf den routinierten Wiederkauf seines Labels vertrauen kann. Vielmehr gilt es, die Einkäufer von jeder Kollektion erneut zu überzeugen. Hinzu kommt, dass sich die Anzahl von zwei Kollektionen pro Jahr durch Zwischenkollektionen erhöht hat.[13] Haben Einkäufer in den vergangen Jahren im Voraus geordert, so nehmen heutzutage kurzfristige Nachordern zu.

Für das Management der Modehersteller resultieren hieraus neue Problemfelder. Sie haben in immer kürzeren Zeitabständen neue Kollektion zu produzieren und die immer anspruchsvolleren Einkäufer von der Vorteilhaftigkeit ihrer Produkte im Vergleich zur Konkurrenz zu überzeugen.[14] Langfristig gesehen, ergibt sich daraus die Notwendigkeit, die wichtigsten Determinanten eines Fashionlabels so zu gestalten, dass sie die Einkäufer überzeugen, um so die Listung im Handel sicherzustellen. Die Motivation, einerseits einen zufriedenen Kundenstamm

[10] Vgl. Park (2004), S. 412.
[11] Vgl. Fuchslocher (1986), S. 52 ff.
[12] Vgl. Piatscheck (2010), S. 64.
[13] Vgl. Grandke (1999), S. 34.
[14] Vgl. Ahlert (2006), S. 9.

aufzubauen und andererseits neue zufriedene Kunden zu gewinnen, basiert auf dem empirisch bestätigten Zusammenhang, dass zufriedene Kunden die Wettbewerbsfähigkeit der Modehersteller durch einen höheren Marktanteil[15] und Profit stärken können.[16] Im Sinne der marktorientierten Unternehmensführung ist es daher von großer Bedeutung, die Determinanten zu kennen, welche das Orderverhalten der Einkäufer bestimmen, um diese gezielt beeinflussen zu können und letztendlich den Unternehmenserfolg zu steigern und langfristig zu sichern.

Es ist verwunderlich, dass trotz dieser hohen Relevanz bisher keine Studien bestehen, welche eine Hilfestellung zur Lösung der oben beschriebenen Herausforderungen liefern und damit die Themenkomplexe Modemarketing und Orderverhalten kombiniert untersuchen. Entweder sind die Studien auf den Fashionbereich bezogen, aber die Anforderungen der Konsumenten und nicht der Einkäufer stehen im Vordergrund.[17] Das Orderverhalten der Einkäufer lässt sich jedoch nicht mit dem Kaufverhalten der Endkunden vergleichen, da gänzlich andere Faktoren das Orderverhalten von Unternehmen beeinflussen als beim privaten Kauf.[18] Andererseits existieren Studien, die das organisationale Kaufverhalten untersuchen,[19] jedoch fehlt der Bezug zur Fashionbranche, wonach eine Ableitung konkreter Handlungsempfehlungen für die Modehersteller nicht möglich ist.

Die bisherigen Ausführungen verdeutlichen die große Relevanz der Untersuchung des Orderverhaltens in der Forschung und Unternehmenspraxis. Dem Interesse des Managements der Modehersteller an Ansatzpunkten zur Ausrichtung ihres Angebots an den Wünschen ihrer Kunden steht in der betriebswirtschaftlichen Forschung ein Erkenntnisdefizit gegenüber. Vor diesem Hintergrund besteht die übergeordnete Zielsetzung der vorliegenden Arbeit darin, einen Erkenntnisbeitrag durch ein theoretisches und empirisch überprüftes Konzept zum Management der Einflussfaktoren des Orderverhaltens zu leisten, welches als Ansatzpunkt für die Generierung von Handlungsempfehlungen in der Managementpraxis dienen kann. Zur Erreichung eines besseren Verständnisses der Einflussfaktoren des Orderverhaltens lassen sich nachfolgende Forschungsfragen aufstellen:

[15] Vgl. Cooil et al. (2007), S. 78.
[16] Vgl. Fornell (1992), S. 6.
[17] Vgl. z. B. Choi et al. (2010); Khare/Rakesh (2010); Fionda/Moore(2009); Newholm/Hopkins (2009); Tzou/Lu (2009); Workman/Caldwell (2007); Goldsmith/Moore/Beaudoin (1999); McCracken/Roth (1989).
[18] Vgl. z. B. Brown/Bellenger/Johnston (2007), S. 213 ff.; Webster/Keller (2004), S. 391 ff.
[19] Vgl. z. B. Bolton/Lemon/Verhoef (2008); Bendixen/Bukasa/Abratt (2004); Mudambi (2002); Homburg/ Rudolph (2001); Shaw/Giglierano/Kallis (1998); Sudharsan/Winter (1998); Thompson/Knox/Mitchell (1998); Trommer (1984); McQuiston (1989); Sheth (1973); Cardozo/Cagley (1971).

Forschungsfrage 1:

Welche sind die zentralen Einflussfaktoren des Orderverhaltens im Modefacheinzelhandel?

Das zu entwickelnde Erklärungsmodell soll die Sichtweise des Managements der Modehersteller reflektieren. Daher gilt es, diejenigen Bestimmungsfaktoren herauszuarbeiten, die für einen Modehersteller den Erfolg einer Order gewährleisten. Das erste Unterziel besteht dann darin, die zentralen Einflussfaktoren des Orderverhaltens zu identifizieren. Die Beantwortung dieser Forschungsfrage basiert eingangs auf theoretischen Grundlagen, den Erkenntnissen anderer Forschungsarbeiten sowie eigenen konzeptionellen Überlegungen. Im Anschluss erfährt das Modell eine empirische Überprüfung.

Dabei konzentriert sich die Betrachtung auf die Branche des Modefacheinzelhandels. Für die Beschränkung der Analyse auf eine spezifische Branche spricht der Anspruch, differenzierte und möglichst konkrete Handlungsempfehlungen ableiten zu können. Eine Ausdehnung der Untersuchung auf den gesamten Modehandel wäre aus wissenschaftlicher Sicht zwar wünschenswert, jedoch würde dies eine breitere empirische Basis erfordern als sie im Rahmen der vorliegenden Arbeit zu realisieren ist.

Zusätzlich ist darauf hinzuweisen, dass es nicht Anspruch dieser Arbeit ist, alle denkbaren Wirkungsstrukturen des Orderverhaltens zu erfassen. Dies ist allein aus forschungsökonomischen Gründen nicht möglich, da die Zahl möglicher Einflussfaktoren sehr hoch und komplex ist. Die zu untersuchenden Modellbausteine des Orderverhaltens stellen in diesem Sinne keine Total- sondern Partialmodelle dar. Vor diesem Hintergrund ist die vorliegende Forschungsarbeit auf besonders wichtig erscheinende Einflussfaktoren fokussiert.

Forschungsfrage 2:

Welcher Unterschied besteht zwischen ökonomischen und emotionalen Einflussfaktoren des Orderverhaltens?

Von besonderem Interesse ist die Effektstärke der Erfolgswirkungen von tendenziell ökonomischen und emotionalen Einflussfaktoren des Orderverhaltens.[20] Ist beispielsweise der Effekt der ökonomischen Einflussfaktoren ausgeprägter als der der emotionalen Faktoren,

[20] In dieser Arbeit werden die Begriffe ökonomisch und hart sowie die Begriffe emotional und weich synonym verwendet.

spricht dies für eine höhere Bedeutung der ökonomischen Einflussfaktoren für den Erfolg einer Order. Hieraus lassen sich wertvolle Implikationen für das Management der Fashionlabels ableiten.

Das Wechselspiel von ökonomischen und emotionalen Einflussfaktoren interessiert in der vorliegenden Untersuchung besonders, da das Orderverhalten des Modefacheinzelhandels analysiert wird. Eine Besonderheit dieses Untersuchungsobjekts ist, dass der Inhaber des Handelsgeschäfts die Orderentscheidung für den Kauf eines Fashionlabels fällt.[21] Da er eine besonders starke Bindung zu seinem Ladengeschäft hat und das Fashionlabel einen Einfluss auf das Image seines Stores ausübt, ist davon auszugehen ist, dass er neben ökonomischen Faktoren (beispielsweise Preis, Qualität, Lieferbedingungen und Service) von unbewusst wahrgenommenen Faktoren (beispielweise Image des Labels und Identifikation mit dem Label) beeinflusst wird.[22] Diese emotionalen Einflussfaktoren haben eine große Bedeutung bei Kaufentscheidungen mit einem hohen Prestige- oder Statuscharakter, wie es bei der Order eines Fashionlabels gegeben ist.

Forschungsfrage 3:
Wie unterscheiden sich die ökonomischen und emotionalen Einflussfaktoren des Orderverhaltens bei unterschiedlichen Kontextfaktoren?
Im Weiteren gilt es die Frage nach dem Einfluss situativer Variablen auf das Orderverhalten zu beantworten. Hierzu werden die zentralen Kontextfaktoren aus den Erkenntnissen bisheriger Studien sowie aus konzeptionellen Überlegungen abgeleitet und im Anschluss am Untersuchungsmodell empirisch überprüft.

Die vorliegende Arbeit ist in sechs Teile gegliedert. Abbildung 1 stellt den Ablauf der Arbeit im Überblick dar. Zunächst befasst sich *Kapitel 2* mit den Begrifflichkeiten und Grundlagen des Mode- und B2B-Marketings, welche für das weitere Verständnis nötig sind. Weiterhin werden relevante Theorien erörtert, die im Zusammenhang mit den Einflussfaktoren des Orderverhaltens stehen. Diese münden in die Konzeptualisierung des Untersuchungsmodells in *Kapitel 3*.

[21] Vgl. Horstmann (1997), S. 21.
[22] Vgl. Kotler/Pfoertsch (2006), S. 30.

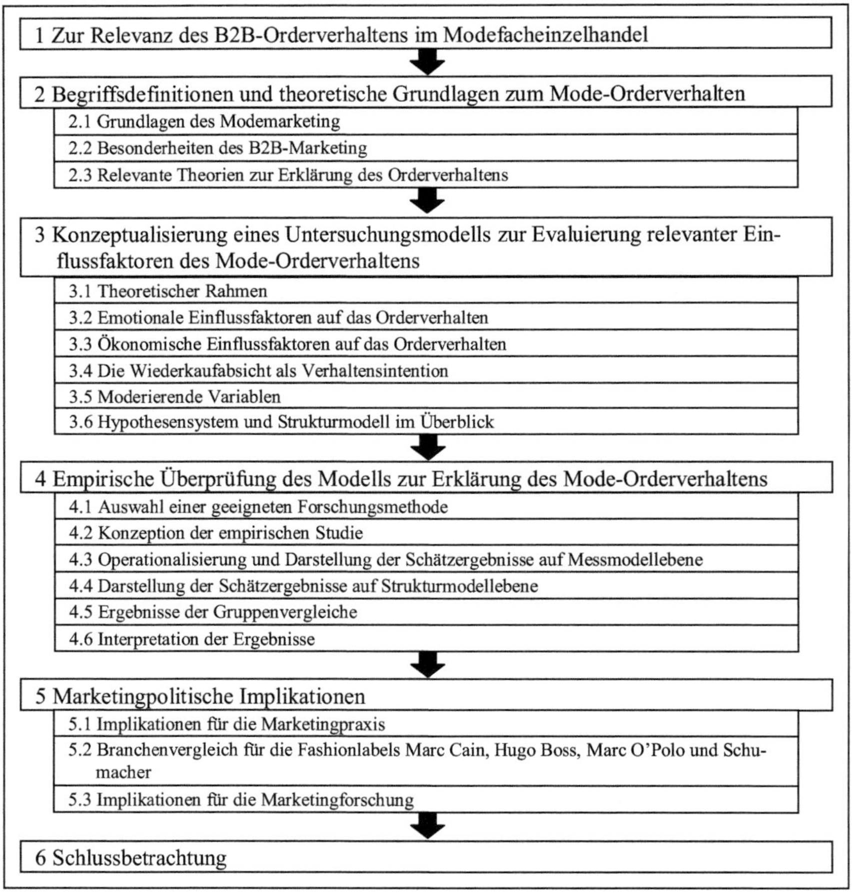

Abbildung 1: Aufbau der Arbeit im Überblick

Ausgewählter Theoriekonzepte und Erkenntnisse bisheriger Forschungsarbeiten zu möglichen Ursache-Wirkungszusammenhängen bilden dabei die Basis, um das Untersuchungsmodell zu konzeptionalisieren. Zielsetzung des *4. Kapitels* ist die empirische Überprüfung des postulierten Modells zur Erklärung des Mode-Orderverhaltens an der Realität. Im Anschluss an die Beschreibung der Grundlagen der in dieser Studie verwendeten statistischen Methoden und der Untersuchungskonzeption gilt es, die latenten Konstrukte mittels geeigneter Indikatoren zu operationalisieren. Die Auswertung erfolgt unter Verwendung adäquater statistischer Verfahren. Aufbauend auf den Ergebnissen des Untersuchungsmodells bildet die Ableitung von

Handlungsempfehlungen den Gegenstand des *5. Kapitels*. Zunächst werden Implikationen für die Marketingpraxis abgeleitet und ein Branchenvergleich durchgeführt. Anschließend erfolgt aus wissenschaftlicher Perspektive die Darstellung der zentralen Erkenntnisse und Restriktionen sowie der Ansatzpunkte für weitere Forschungen. Eine Zusammenfassung der gewonnenen Erkenntnisse in *Kapitel 6* rundet die Untersuchung ab.

2 Begriffsdefinitionen und theoretische Grundlagen zum Mode-Orderverhalten

2.1 Grundlagen des Modemarketing

2.1.1 Definition und Grundlagen von Mode

Im allgemeinen Kontext wird der Begriff Mode definiert als „eine durch das menschliche Streben nach Abhebung und Anpassung bewirkte Änderung der Lebens- und Konsumgewohnheiten breiter Bevölkerungsschichten, die nach einer gewissen Zeit durch eine erneute Veränderung aufgehoben wird".[23] Diese Definition verdeutlicht die zentralen Kennzeichen der Mode: das gegenläufige Streben der Konsumenten nach Konformität und Individualität, der ständige Wandel, die kurzfristige und beständige Veränderung, sowie die mehr oder weniger zwingende Ausbreitung der Mode.[24] Als einhergehende Phänomene der Fristigkeit der Mode gelten Stilwandlungen, Veränderungen des Zeitgeschmacks und Modeschwankungen,[25] welche sich in kurzfristigen Trends oder „fads" (amerikanisch für Laune, Modeerscheinung und Modewelle) widerspiegeln.[26] Ausgehend von der Unsicherheit bezüglich der zukünftigen Entwicklung der Mode in zeitlicher, qualitativer und quantitativer Hinsicht ergibt sich das Moderisiko, das prägend für die Bekleidungsbranche ist.[27]

Für das Marketing-Management der Modeunternehmen ist neben dem Grundnutzen der Zusatznutzen der Mode bedeutsam. Die Konsumenten erwarten diesen Zusatznutzen und die Hersteller sollten ihn dementsprechend kommunizieren.[28] Die Mode selbst stellt kein Grundbedürfnis eines Menschen dar, das es durch ein Versorgungsobjekt zu befriedigen gilt. Vielmehr bietet Mode einen Zusatznutzen bzw. ein Mittel, um das Streben des Menschen nach Individualität und Konformität, sowie den Drang nach Abwechslung zu befriedigen.[29]

Unter den Begriff Mode fällt eine Vielfalt von Lebensbereichen und Produkten, wie beispielsweise Bekleidung, Alltagsgeselligkeit und Wohnweise.[30] Bekleidung gilt dabei als klassisches Modegut, das sich von anderen Modegütern durch den saisonabhängigen Modezyklus

[23] Hermanns (1991), S. 16.
[24] Vgl. Pesch (1973), S. 4.
[25] Vgl. Hermanns (1991), S. 15.
[26] Vgl. Easy (2009), S. 3.
[27] Vgl. Schäfer (1989), S. 11.
[28] Zur Definition von Grund- und Zusatznutzen eines Produkts vgl. Herrmann/Huber (2009), S. 321 ff.; Meffert/Burmann/Kirchgeorg (2008), S. 399; Fuchslocher (1986), S. 19.
[29] Vgl. Schäfer (1989), S. 5.
[30] Vgl. König (1969), S. 717.

und den dadurch bedingten Wechsel der Produkt- und Kollektionsgestaltung unterscheidet.[31] Ein Modeartikel zeichnet sich durch seinen Modegrad aus, der als „das durch den Konsumenten subjektiv empfundene Maß an Neuheit verstanden wird“.[32] Dabei kann man zwischen hochmodischer, modischer bzw. saisonaler und Basic bzw. Standardware unterscheiden.[33] Unabhängig von ihrem Modegrad ist Bekleidung ein Modegut. *Horstmann* definiert Bekleidungsmode als „eine zeitlich begrenzte, sich permanent wandelnde und für bestimmte Bevölkerungsgruppen vorherrschende Präferenz für Bekleidungstextilien und das entsprechende Zubehör hinsichtlich einer bestimmten Kombination aus Material, Schnitt, Farbe sowie Dessin“.[34]

Im Rahmen der vorliegenden Arbeit finden die Begriffe Mode bzw. Fashion, Bekleidung und Bekleidungsmode synonym Anwendung und beziehen sich ausschließlich auf Bekleidungsunternehmen. Der Begriff Fashionlabel steht in dieser Forschungsarbeit für die Marke der Modehersteller. *Meffert/Burmann/Koers* verstehen die Marke „als ein in der Psyche des Konsumenten und sonstiger Bezugsgruppen der Marke fest verankertes, unverwechselbares Vorstellungsbild von einem Produkt oder einer Dienstleistung“.[35] Während der Markenbegriff demnach auf vielfältige Branchen anwendbar ist und zudem zahlreiche Erscheinungsformen aufweist,[36] steht der Begriff Fashionlabel im direkten Bezug zu der Mode- bzw. Bekleidungsbrache und findet daher Anwendung.

2.1.2 Definition und Charakteristika des Modemarketing

Vor dem Hintergrund des modernen Marketingverständnisses gilt Modemarketing als die marktorientierte Unternehmensführung von Modeunternehmen.[37] Dieses Konzept setzt ein marktorientiertes Denken und Handeln voraus und ermöglicht den Modeunternehmen, die auf den Wiederkauf ihrer Produkte angewiesen sind, loyale Kunden zu gewinnen.[38] Modemarketing orientiert sich daher an den Wünschen und Erwartungen aktueller und potentieller Kunden um langfristige Unternehmensziele zu verwirklichen: „Fashion Marketing is the application of

---

[31] Vgl. Hermanns (1991), S. 16.
[32] Loock (2008), S. 75.
[33] Vgl. Ahlert (2006), S. 10 f.
[34] Horstmann (1997), S. 28.
[35] Meffert/Burmann/Koers (2005), S. 6.
[36] Vgl. Weis/Huber (2000), S. 34.
[37] Vgl. Loock (2008), S. 7; Hermanns (1991), S. 12; Schäfer (1989), S. 9.
[38] Vgl. z. B. Kabiraj/Shanmugan (2011), S. 286.

a range of techniques and a business philosophy that centres upon the customer and potential customer of clothing (…) in order to meet the long-term goals of the organization". [39]

Die Erfassung der Kundenbedürfnisse als Referenzpunkt des Marketing setzt ein spezifisches Wissen über den Kunden voraus. Studien, welche das Themengebiet Kundenorientierung untersuchen, unterscheiden daher zwischen zwei Perspektiven,[40] der Organisational-[41] und der Individualebene.[42] Im System des Modemarketing bezeichnet man die Organisationalebene als fachhandelsbezogenes Marketing und die Individualebene als endverbraucherorientiertes Marketing. *Abbildung 2* verdeutlicht das Beziehungsgeflecht des Modemarketing.

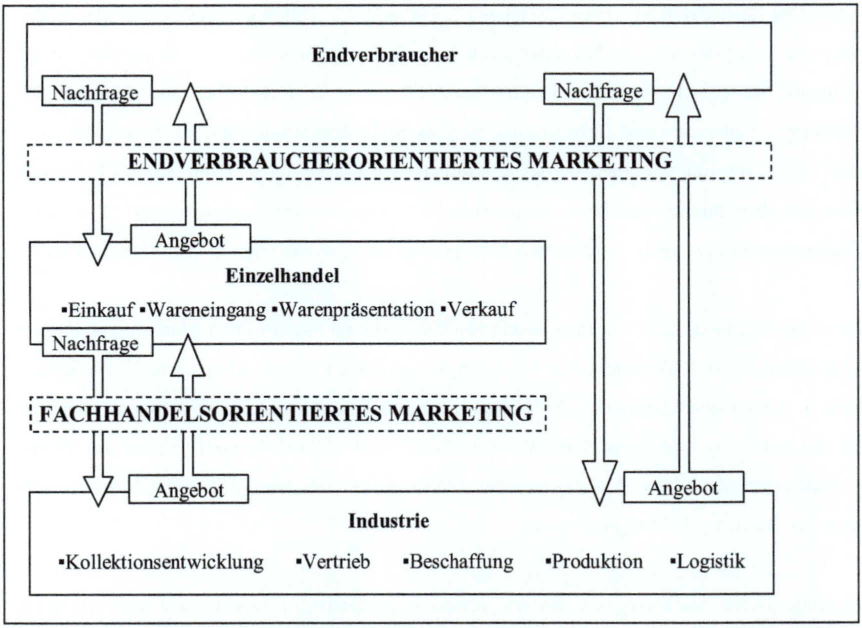

Abbildung 2: Beziehungsgeflecht des Modemarketing[43]

[39] Easy (2009), S. 7.
[40] Vgl. Stock/Hoyer (2005), S. 542.
[41] Vgl. z. B. Kennedy/Goolsby/Arnold (2003); Rindfleisch/Moorman (2003); Homburg/Pflesser (2000).
[42] Vgl. z. B. Brown et al. (1993); Hoffman/Ingram (1991).
[43] Eigene Abbildung in Anlehnung an Loock (2008), S. 9.

Ausgangspunkt des endverbraucherorientierten Marketing der Einzelhandels- und Industrieunternehmen sind die Bedürfnisse der Konsumenten von Bekleidung. Die Industrie adressiert die Aktivitäten des fachhandelsorientierten Marketing hingegen an die Bedürfnisse des Handels. Die Bedürfnisse und das Kauf- bzw. Orderverhalten von Endkunden und Handel weisen deutliche Unterschiede auf.[44] Vor diesem Hintergrund sollte das Modemarketing eine zielgruppenspezifische Marketingstrategie erarbeiten. In diesem Kontext steht auch die Differenzierung zwischen Business to Consumer Marketing (B2C) und Business to Business Marketing (B2B), deren Charakteristika in *Kapitel 2.2* erläutert werden.

Die Ziele des Modemarketing sind grundsätzlich abgeleitete Ziele im Rahmen der unternehmerischen Formalzielkonzeption.[45] Dabei bezieht sich das Unternehmensziel auf die Sicherung der langfristigen Überlebensfähigkeit bzw. Zukunftssicherung des Bekleidungsunternehmens. Strategische Ziele sind langfristige Ziele, die in der Regel über eine einjährige Betrachtung hinausgehen und Bezugsräume von bis zu 10 Jahren und mehr umfassen können.[46] Das Bekleidungsunternehmen hat seine strategischen Marketingziele mit seinem Unternehmensziel abzustimmen und seine strategische Ausgangssituation zu analysieren.[47] Durch die Festlegung des Zielinhalts wird dann bestimmt, was das Unternehmen im Marketing anstrebt.

Grundsätzlich lässt sich zwischen ökonomischen und psychografischen Marketingzielen unterscheiden. Zu den ökonomischen Marketingzielen zählen insbesondere Umsatz, Deckungsbeitrag, Absatz und Marktanteil. Sie stehen in engem Zusammenhang mit den generellen Unternehmenszielen, wie bspw. Gewinn, Rentabilität und Sicherheit; sind anhand der Markttransaktionen (Kauf bzw. Absatz) messbar und beziehen sich damit auf beobachtbare Ergebnisse des Kaufentscheidungsprozesses.[48]

Psychografische Marketingziele weisen hingegen qualitativen Charakter auf und sollen das Kaufverhalten ändern oder beeinflussen und damit zu einer Realisierung marktökonomischer Ziele führen. Voraussetzung für diese Verhaltensbeeinflussung ist die Erzielung einer psychischen Wirkung beim Käufer. Die psychografischen Marketingziele knüpfen daher an den mentalen Prozessen der Käufer an. Durch die Beeinflussung von Motiven, Images und Ein-

[44] Vgl. Brown/Bellenger/Johnston (2007), S. 213.
[45] Vgl. Hermanns (1991), S. 44.
[46] Vgl. Hermanns (1991), S. 44; Jung (2006), S. 570.
[47] Vgl. Herrmann/Huber (2009), S. 86.
[48] Vgl. Meffert/Burmann/Kirchgeorg (2008), S. 246; Loock (2008), S. 79.

stellungen der Konsumenten wird die Kaufwahrscheinlichkeit erhöht. Psychografische Marketingziele sind für ein Bekleidungsunternehmen also dann bedeutsam, wenn sie Grund- und/oder Zusatznutzen des Käufers befriedigen und damit das Verhalten der Konsumenten beeinflussen können.[49] Typische psychografische Ziele sind bspw. Veränderung bzw. Verstärkung von Einstellungen, Erhöhung der Präferenzen und Verstärkung der Kaufabsicht. Im Gegensatz zu den ökonomischen Zielen handelt es sich bei den psychografischen Zielen um nicht unmittelbar beobachtbare psychische Variablen (intervenierende Variable als Konstrukte), die sich nicht direkt messen lassen. Dabei wird den Einstellungen die größte Bedeutung bei der Zielplanung zuerkannt.[50] Die Einstellung eines Individuums stellt auch innerhalb des Modells des Orderverhaltens dieser vorliegenden Forschungsarbeit eine zentrale Schlüsselvariable dar. Das theoretische Konzept der Einstellung ist Gegenstand von *Kapitel 2.3.2*.

2.1.3 Der Modefacheinzelhandel als Untersuchungsobjekt

Der Bekleidungshandel lässt sich in Groß- und Einzelhandel unterteilen und gehört neben der Bekleidungsindustrie zu der Bekleidungsbranche. Diese ist Bestandteil der textilen Kette, welche alle Be- und Verarbeitungsschritte sowie Beschaffungs- und Distributionsleistungen einschließt. Kennzeichnend ist die lineare Abfolge der Produktionsschritte, das heißt alle Be- und Verarbeitungsschritte laufen hintereinander ab.[51] Die Bekleidungsindustrie verarbeitet die Erzeugnisse bzw. Gewebe der Textilindustrie gemäß ihren eigenen Entwürfen zu Bekleidungsteilen weiter und liefert diese an den Bekleidungsgroßhandel oder direkt an den Bekleidungseinzelhandel, der die Produkte an die Endverbraucher verkauft.[52] Der Einzelhandel lässt sich bspw. anhand der Sortimentsbreite und -tiefe, der Bedienungsform, dem Standort oder der Betriebsgröße systematisieren.[53] Für den Bekleidungseinzelhandel werden demnach die Betriebsformen Facheinzelhandel, Großfilialisten (Vertikalisten), Kauf- und Warenhäuser, SB-Warenhäuser und Verbrauchermärkte, Versandhandel, Textilmärkte sowie sonstige Anbieter unterschieden.[54] Als potentielle Kunden der Modehersteller liegt der Fokus in der vorliegenden Forschungsarbeit auf dem Facheinzelhandel, dies sind kleine und mittlere stationäre Betriebe, die häufig inhabergeführt sind.[55]

[49] Vgl. Loock (2008), S. 80.
[50] Vgl. Trommsdorff (2004), S. 37 f.
[51] Vgl. Ahlert (2006), S. 7; Loock (2008), S. 39.
[52] Siehe auch Abbildung 2.
[53] Vgl. Eickhoff (1997), S. 10.
[54] Vgl. Horstmann (1997), S. 21.
[55] Vgl. Horstmann (1997), S. 21.

Zur Erreichung der Modemarketingziele müssen die Hersteller geeignete Marketingstrategien erarbeiten, welche die grundsätzliche Stoßrichtung für das Auftreten im Markt angeben. Im Bereich des fachhandelsorientierten Marketing ist die handelsorientierte Strategie von Bedeutung, die sich in dem strategischen Verhalten der Bekleidungshersteller gegenüber dem Einzelhandel zeigt.[56] Aufgrund der zeitlichen Abfolge der Prozessschritte im Rahmen der textilen Kette ergeben sich erhebliche Abhängigkeiten der Unternehmen, da die Wettbewerbs- und Überlebensfähigkeit der einzelnen Unternehmen nicht nur von der eigenen Leistungsfähigkeit sondern von der gesamten Leistung innerhalb der Kette abhängt.

Besonders deutlich wird diese Verknüpfung bei dem Bekleidungshandel als letztes Glied der Kette. Vermag die Bekleidungsindustrie keine konsumentengerechte Bekleidung zu produzieren, so kann der Handel kein bedarfsgerechtes Angebot zusammenstellen; er trägt das Moderisiko. Andererseits besitzt der Handel eine Machtposition gegenüber dem Hersteller, da er die notwendigen klassischen Handelsfunktionen wie bspw. Absatzförderungsfunktion[57] erfüllt. Der Handel entscheidet letztendlich durch die Zusammenstellung der Sortimentsstruktur, welche Artikel dem Kunden zum Kauf angeboten werden. Bekleidungshersteller, die ihre Produkte ausschließlich über den Handel vertreiben, sind auf die Aufnahme ihrer Produkte in das Sortiment des Handels angewiesen, da diese sonst nicht oder nur über Umwege für den Kunden erhältlich sind. Dies ist dem Bekleidungshandel bewusst und äußert sich in Form von „Handelsmacht“ der Modehändler gegenüber den Herstellern z. B. durch das Orderverhalten.[58] Die Kooperationsstrategie ist eine Möglichkeit um dieser Situation zu begegnen.[59] Diese sieht den Aufbau und die Pflege eines engen Verhältnisses des Bekleidungsherstellers zu dem Handel vor, um auf Basis der gegenseitigen Vorteilhaftigkeit eine möglichst weitgehende Abstimmung mit dem Handel zu erreichen.[60]

2.2 Besonderheiten des B2B-Marketing

2.2.1 Abgrenzung des B2B-Marketing vom Industriegütermarketing

Der Verkauf der Produkte an ein Handelsunternehmen ist dem Bereich des Business-to-Business Marketing (B2B-Marketing) zuzuordnen. Das B2B-Marketing bezieht sich grund-

[56] Vgl. Hermanns (1991), S. 49.
[57] Vgl. zu den Handelsfunktionen: Jung (2006), S. 648; Barth/Hartmann/Schröder (2007), S. 25 ff.
[58] Vgl. Fuchslocher (1986), S. 52 ff.
[59] Vgl. Nieschlag/Dichtl/Hörschgen (2002), S. 927 ff.; Skinner/Gassenheimer/Kelley (1992), S. 174.
[60] Vgl. Park (2004), S. 412; Hermanns (1991), S. 49.

sätzlich auf die Geschäftsbeziehungen zwischen Unternehmen[61] und grenzt sich von dem Konsumgütermarketing bzw. Business-to-Consumer Marketing (B2C-Marketing), das sich an die Endkunden richtet, über die Zielgruppe ab. In der Literatur existieren verwandte oder synonyme Begriffe wie Investitions- bzw. Industriegütermarketing. Während sich das Investitions- bzw. Industriegütermarketing nur auf Geschäftsbeziehungen zwischen Herstellern und anderen Unternehmen bzw. Organisationen bezieht, umfasst der Begriff B2B-Marketing insofern ein breiteres Feld, als dieser auch die Vermarktung an den konsumtiven Groß- und Einzelhandel einschließt.[62] Die Unterschiede zwischen Industriegüter,- B2B- und Konsumgütermarketing verdeutlicht *Abbildung 3*.

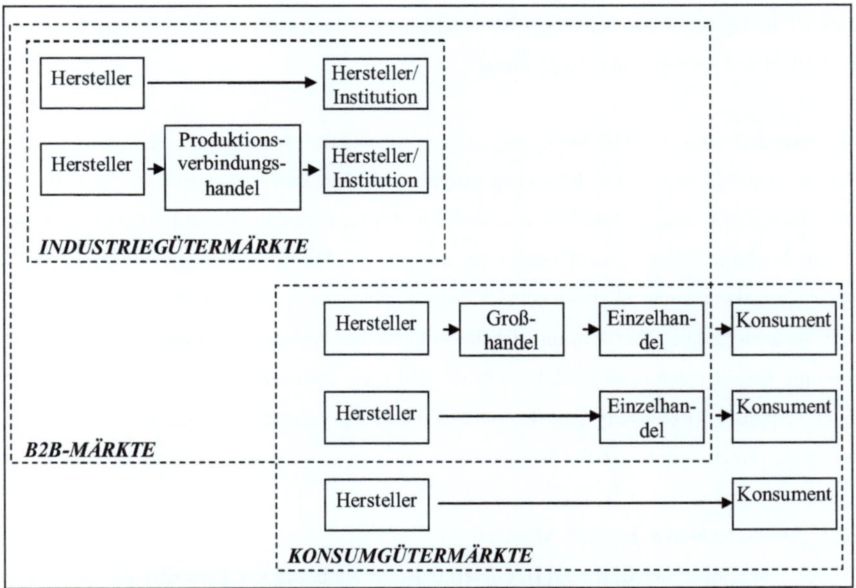

Abbildung 3: Unterschiede zwischen Industriegüter-, B2B- und Konsumgütermärkten[63]

In der vorliegenden Arbeit werden unter dem Begriff B2B-Marketing alle Bereiche des Marketing verstanden, „die nicht zum Konsumgütermarketing gehören bzw. sich nicht direkt an private Endabnehmer richten".[64] Dabei steht auf Anbieter- bzw. Verkäuferseite der Modehersteller und auf Abnehmer- bzw. Käuferseite der Handel. Der Modehersteller verkauft also

[61] Vgl. Nieschlag/Dichtl/Hörschgen (2002), S. 5.
[62] Vgl. Backhaus/Voeth (2010), S. 5 f.
[63] Eigene Abbildung in Anlehnung an Backhaus/Voeth (2010), S. 5.
[64] Godefroid/Pförtsch (2008), S. 21.

Produkte seines Fashionlabels an die Einkäufer des Modefacheinzelhandels. Da der Modefacheinzelhandel die georderten Fashionlabels direkt weiterverkauft, wird er auch als Reseller[65] (engl. für „Wiederverkäufer“) bezeichnet. In der vorliegenden Arbeit bezieht sich der Begriff Reseller auf den Modefacheineinzelhandel bzw. das Unternehmen, für das der Einkäufer Orderentscheidungen fällt. Der Begriff Einkäufer nimmt hingegen nur Bezug auf die Person, welche die Orderentscheidung trifft.

Es ist zu berücksichtigen, dass im B2B-Marketing natürlich auch die Wünsche der Endkunden in die Vermarktungs- und Produktplanung eingehen und die Marketingaktivitäten des Bekleidungsunternehmens nicht ausschließlich den Handel sondern auch die Endkunden berühren.[66] In diesem Zusammenhang wird in der Literatur auch von einer „Triade“ aus Hersteller, Handel und Konsumenten gesprochen.[67]

Die Besonderheiten des B2B-Marketing und deren Unterschiede zum B2C-Marketing lassen sich in Besonderheiten der B2B-Gütermärkte und den Beschaffungsprozess auf B2B-Gütermärkten gliedern, welche Gegenstand des nachfolgenden Kapitels sind.[68] Diese Aspekte hat das Modemarketing zu berücksichtigen, um eine gut fundierte Strategie zur Umsetzung der Modemarketingziele zu entwickeln. *Webster/Keller* nennen als Resultate einer fundierten B2B-Markenstrategie „the creation of better-differentiated product offerings, stronger relationships between industrial [B2B] marketers and their customers, more customer loyalty, better responses to company innovations and marketing expenditures, and the creation of more value for customers and the firm”.[69]

2.2.2 Besonderheiten der B2B-Märkte

Eine Gemeinsamkeit der B2B- und B2C-Märkte ist der Einbezug von Personen, die Entscheidungsrollen übernehmen und mit ihren Entscheidungen versuchen ihre Bedürfnisse zu befriedigen. Jedoch weisen die Bedürfnisse der Endverbraucher und die der Unternehmen als Zielgruppe des B2B-Marketing erhebliche Unterschiede auf. Die B2B-Nachfrage ist im Gegensatz zur B2C-Nachfrage eine abgeleitete Nachfrage. Der „derived demand“, der sich aus den Bedürfnissen bzw. Nachfrage der Endkunden ergibt, ist wesentlich unelastischer, d. h. dass

[65] Vgl. z. B. Hughes/Ahearne (2010), S. 81.
[66] Vgl. Godefroid/Pförtsch (2008), S. 21 f.
[67] Vgl. Moreau/Krishna/Harlam (2001), S. 549 ff.
[68] Vgl. Pförtsch/Schmid (2005), S. 14 ff.
[69] Webster/Keller (2004), S. 401.

die Nachfrage zumindest kurzfristig, nicht oder nur schwach auf Preisänderungen reagiert.[70] Aufgrund des Zusammenhangs, dass die B2B-Nachfrage in letzter Instanz von der Nachfrage der Endkunden abhängig ist, richten die B2B-Unternehmen ihre Marketingmaßnahmen vielfach an die Endkunden. Eine weitere Besonderheit der B2B-Unternehmen ist, dass sie einen Großteil ihrer Umsätze und Gewinne mit einer relativ kleinen Anzahl von Kunden realisieren.[71]

Charakteristisch für die Kaufentscheidungsprozesse von Unternehmen ist die Beteiligung mehrerer Personen (sog. Buying-Center), die gut ausgebildet sind und über eine hohe Professionalität verfügen.[72] Die Kaufentscheidungen von Unternehmen sind komplexer, da sie mehr Informationen benötigen, um eine erfolgreiche Entscheidung für ein Produkt zu fällen. Dabei werden umso mehr Personen in die Kaufentscheidung einbezogen, je komplexer der Kauf ist.[73] Aufgrund des Zusammenwirkens zwischen vielen Beteiligten, den hohen Ausgaben und den wirtschaftlichen Überlegungen, die mit der Beschaffung verbunden sind, benötigen Unternehmen viel Zeit, um ihre Entscheidungen zu treffen.[74]

Schließlich sind auf den B2B-Märkten Käufer und Verkäufer in einem größeren Maße aufeinander angewiesen, als es auf den B2C-Märkten üblich ist. Die Hersteller unterstützen die Händler nach dem Kauf und helfen Probleme zu benennen sowie optimale Lösungen zu finden.[75] Dieses Phänomen spiegelt sich in der handelsorientierten Strategie des Modemarketing wider, indem die Modehersteller eng mit den Modehändlern zusammenarbeiten. Vor diesem Hintergrund liegt der Fokus im B2B-Marketing auf einer langfristigen Geschäftsbeziehung und einem kooperativen Verhalten von Käufer und Verkäufer.[76]

2.2.3 Besonderheiten des B2B-Kaufentscheidungsprozesses

Das Beschaffungsverhalten der Unternehmen bzw. das Orderverhalten des Modefacheinzelhandels unterscheidet sich erheblich von dem Kaufentscheidungsprozess auf dem Konsumgütermarkt. Während auf dem Konsumgütermarkt vorwiegend soziale Risiken mit dem Kauf

[70] Vgl. Kotler/Pfoertsch (2006), S. 22 f.
[71] Vgl. Webster/Kellerr (2004), S. 392.
[72] Vgl. Kotler et al. (2011), S. 324.
[73] Vgl. Brown/Bellenger/Johnston (2007), S. 215.
[74] Vgl. Pförtsch/Schmid (2005), S. 15.
[75] Vgl. Godefroid/Pförtsch (2008), S. 22; Kotler et al. (2011), S. 325.
[76] Vgl. Webster/Keller (2004), S. 396; Hakansson (1982), S. 14.

verbunden sind, gehen die Kaufentscheider im B2B-Bereich überwiegend ökonomische Risiken ein. Daher suchen und verarbeiten sie bewusst eine Vielzahl von Informationen, die ihnen die Entscheidung erleichtern und fällen diese stärker rational als emotional.[77]

Das Verhalten der Käufer im B2B-Bereich, insbesondere der Verlauf der Entscheidungsfindung, beeinflusst in hohem Maße die Art und Bedeutung des Kaufobjekts aus Sicht des beschaffenden Unternehmens (hier der Modefacheinzelhandel). *Robinson/Faris/Wind* unterscheiden nach dem Wiederholungsgrad einer Beschaffung drei Klassen:

- Neukauf (new task),
- Modifizierter Wiederkauf (modified rebuy),
- Identischer Wiederkauf (straight rebuy).[78]

Bei dem Neukauf handelt es sich um eine erstmalige Beschaffung einer Leistung. Da keine Erfahrung im Unternehmen vorliegt, bestehen ein umfangreicher Informationsbedarf und eine große Unsicherheit über die zu treffende Beschaffungsentscheidung. Besonders bei Produkten, die noch keine Reife entwickeln konnten, ist das Risiko der Beschaffung hoch.[79] Je höher die Kosten und das zu erwartende Risiko aus der Entscheidung sind, desto mehr Personen beteiligen sich an der Entscheidungsfindung und desto länger wird die Entscheidungsfindung dauern.[80]

Bei dem modifizierten Wiederkauf handelt es sich um eine Kaufsituation, bei der die beschaffende Organisation Veränderungen bei Produktspezifikationen, Preisen, Konditionen oder Lieferanten vornimmt.[81] Die Neubeschaffungen sollen bereits vorhandene Produkte ersetzen oder erweitern. Es besteht Informationsbedarf, jedoch ist dieser geringer als beim Neukauf, da das Unternehmen bereits über Erfahrungen aus ähnlichen Kaufsituationen verfügt.[82]

Der identische Wiederkauf entspricht einer Routinebeschaffungssituation, bei der das Unternehmen eine Leistung ohne Veränderungen nachbestellt. Das beschaffende Unternehmen wählt mithilfe bereits in der Vergangenheit gemachten Erfahrungen zwischen mehreren Liefe-

[77] Vgl. Pförtsch/Schmid (2005), S. 15; Brown/Bellenger/Johnston (2007), S. 216 f.
[78] Vgl. Robinson/Faris/Wind (1967), S. 14.
[79] Vgl. Godefroid/Pförtsch (2008), S. 41.
[80] Vgl. Kotler/Pförtsch (2006), S. 25.
[81] Vgl. Kotler et al. (2011), S. 331.
[82] Vgl. Godefroid/Pförtsch (2008), S. 42.

ranten aus. Im Vergleich zum Neu- bzw. modifizierten Wiederkauf weist diese Kaufsituation eine geringere Komplexität und einen verringerten Informationsbedarf auf.[83]

Im Rahmen des Orderverhaltens des Modefacheinzelhandels kann davon ausgegangen werden, dass bei jeder Orderrunde (außer bei Nachbestellungen) ein modifizierter Wiederkauf vorliegt. Der Modefacheinzelhandel zeichnet sich durch ein Sortiment aus, das in der Regel aktuell, flexibel zusammengestellt, qualitativ hochwertig und überwiegend modisch ist.[84] Diese hochmodische und modische/saisonale Ware lässt sich gar nicht oder nur eingeschränkt wiederbeschaffen.[85] Vor diesem Hintergrund und in Anbetracht der Charakteristika der Modebranche, insbesondere der fortlaufenden Änderung der Mode, welche sich in modischen Trends widerspiegelt, und dem damit verbundenen Absatzrisiko der Händler, steht der Einkäufer bei jeder Orderrunde vor der Herausforderung, möglichst viele Informationen über das Fashionlabel und alternative Modehersteller zu sammeln um ein aktuelles trendgerechtes Angebot zusammenzustellen.[86] Damit kann eine Routinebeschaffung im Sinne eines identischen Wiederkaufs ausgeschlossen werden. Lediglich bei automatischen Nachbestellverfahren (Nachordern) von Waren der aktuellen Saison oder Basicware, die sich in Form, Farbe etc. kaum unterscheiden, liegt ein identischer Wiederkauf mit minimalem Risiko und Informationsbedarf vor.

Für eine Analyse des Beschaffungsprozesses sind neben der Betrachtung der Kauftypen im allgemeinen Kontext auch die organisatorischen und personellen Aspekte zu berücksichtigen. Charakteristisch für die Entscheidungsfindung im B2B-Bereich ist die Beteiligung meist mehrerer und wechselnder Personen. Die gedankliche Zusammenfassung der am Beschaffungsprozess direkt oder indirekt beteiligten Personen bezeichnet man als Buying Center.[87] Solche Buying Center setzen sich aus einer Gruppe von Personen innerhalb und außerhalb des Unternehmens zusammen, die problembezogen miteinander interagieren, um zu einer Lösung zu gelangen.[88] Im Vergleich zum multipersonellen Beschaffungsverhalten von Organisationen, treffen die Einkäufer im Modefacheinzelhandel ihre Orderentscheidungen typischerweise autonom. Vor diesem Hintergrund ist für eine Analyse des Orderverhaltens des Modefachein-

[83] Vgl. Backhaus/Voeth (2010), S. 76 f.
[84] Vgl. Eickhoff (1997), S. 12; Sauer (1991), S. 769.
[85] Vgl. Ahlert (2006), S. 11.
[86] Für eine tiefere Auseinandersetzung mit dem Informations- und Kommunikationsverhalten in der Modebranche vgl. Fuchslocher (1991), S. 811 ff.
[87] Vgl. z. B. Webster/Wind (1972), S. 17.
[88] Vgl. Backhaus/Voeth (2010), S. 44 f.

zelhandels die Individualentscheidung des Einkäufers bedeutsam.[89] Auf die Besonderheiten von Rollenkonzepten, Gruppenentscheidungen und Gruppenverhalten (Buying Networks) im Rahmen des Buying Centers wird daher nicht weiter eingegangen.[90]

In der wissenschaftlichen Literatur existiert eine Vielzahl theoretischer Modelle zum organisationalen Beschaffungsverhalten, an dieser Stelle sei das *Webster/Wind*-Modell,[91] das *Choffray/Lilien*-Modell[92] und das *Johnston/Lewin*-Modell[93] zu nennen. Zu den bekanntesten Modellen des organisationalen Käuferverhaltens zählt das Modell von *Sheth*,[94] auf dessen Grundlage spezifische Modelle für das Beschaffungsverhalten im Einzelhandel entwickelt wurden.[95] All diese Modelle können letztendlich nur ein Wirkungsbeziehungsgeflecht unterschiedlicher Einflussfaktoren aufzeigen, das versucht, die Produkt- bzw. Lieferantenauswahl in einer bestimmten Entscheidungssituation zu erklären. Einen Erklärungsbeitrag hinsichtlich einer langfristig orientierten, strategischen Beschaffungskonzeption liefern diese Ansätze jedoch nicht.[96]

Auch das *Sheth*-Modell ermöglicht keine umfassende Erklärung und Prognose des Beschaffungsverhaltens. Da es jedoch vergleichsweise detailliert die Einflussfaktoren der Beschaffungsentscheidung in Organisationen beschreibt und neben kollektiven Entscheidungen die im Facheinzelhandel bedeutsamen individuellen Entscheidungen der Einkäufer herausstellt, eignet es sich gut, um einen Überblick der Schlüsseleinflussgrößen des Beschaffungsverhaltens zu erhalten.[97] Exemplarisch erfolgt an dieser Stelle nur die Aufzählung einiger ausgewählter Einflussfaktoren des Modells von *Sheth*, die für das in *Kapitel 3* zu entwickelnde Untersuchungsmodell von Bedeutung sind. *Sheth* erklärt das organisationale Käuferverhalten mit drei Kernelementen:

- Die psychologischen Entscheidungsdeterminanten der an der Entscheidung mitwirkenden Personen (1)

[89] Vgl. Ettenson/Wagner (1986), S. 43.
[90] Für eine tiefere Auseinandersetzung mit Buying Center Konzepten vgl. z. B. Backhaus/Voeth (2010), S. 44 ff.; Juha/Pentti (2008); Johnston/Bonoma (1981).
[91] Vgl. Webster/Wind (1972), S. 15.
[92] Vgl. Choffray/Lilien (1978), S. 23.
[93] Vgl. Johnston/Lewin (1996), S. 3.
[94] Vgl. Sheth (1973), S. 51.
[95] Vgl. Hansen/Skytte (1998), S. 278 ff.; Ettenson/Wagner (1986), S. 42 ff.
[96] Vgl. Janz (2004), S. 27.
[97] Vgl. Homburg/Kromer (2006), S. 155.

- Die Bedingungen, die zur kollektiven Entscheidung der Beteiligten führen (2)
- Die Konflikthandhabung bzw. die Konfliktlösungsmechanismen (3).[98]

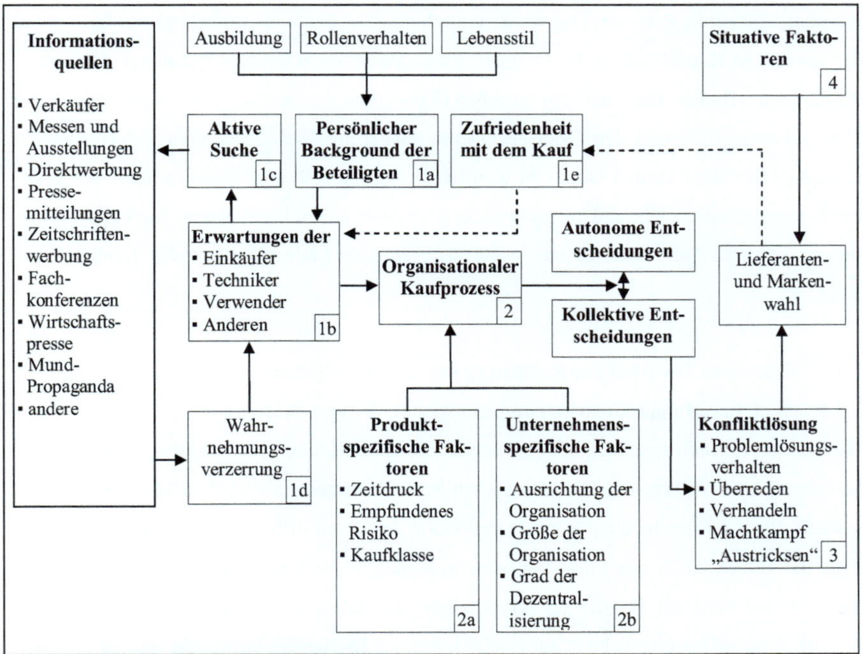

Abbildung 4: Integratives Modell von Sheth[99]

Die Erwartungen der an der Entscheidung Beteiligten hinsichtlich der zu beschaffenden Marken und Lieferanten sind zentrales Element des Modells (vgl. *Abbildung 4*). Diese individuell unterschiedlichen Erwartungen entstehen aufgrund des jeweiligen Erfahrungshorizonts der Individuen (1a), welcher durch die Ausbildung, das Rollenverhalten innerhalb der Organisation sowie dem persönlichen Lifestyle der Entscheidungsperson geprägt ist.[100] Die aktive Suche nach Informationsquellen (1c) und Wahrnehmungsverzerrungen (1d) zur Aufrechterhaltung des kognitiven Gleichgewichts[101] beeinflussen die Entscheidungen. Darüber hinaus beeinflusst Zufriedenheit des Einzelnen mit Käufen aus der Vergangenheit (1e) die Erwartungen.

[98] Vgl. Foscht/Swoboda (2007), S. 272.

[99] Eigene Abbildung in Anlehnung an Sheth (1973), S. 51.

[100] Vgl. Sheth (1973), S. 53.

[101] Die Theorie des kognitiven Gleichgewichts besagt, dass Individuen bemüht sind, auftretende Widersprüche in ihrem Einstellungssystem zu beseitigen oder zu verdrängen, vgl. Kroeber-Riel/Weinberg/Gröppel-Klein (2009), S. 230.

Der organisationale Kaufprozess (2) wird wiederum durch die Erwartungen der Buying Center Mitglieder bestimmt (1b). Ob im Unternehmen eher kollektive oder Individualentscheidungen vorherrschen, beeinflussen produkt- und unternehmensspezifische Faktoren.[102] Die produktspezifischen Faktoren (2a) werden durch den Zeitdruck, das empfundenes Risiko und der jeweiligen Kaufklasse (z. B. Neukauf oder identischer Wiederkauf) bedingt. Die unternehmensspezifischen Faktoren (2b) beziehen sich auf die Ausrichtung des Unternehmens, die Unternehmensgröße und den Grad der Dezentralisierung. Bei kollektiven Entscheidungen kommt es laut dem Modell häufig zu Konflikten (3), die sich im Einzelnen durch ein Problemlösungsverhalten, Überreden, Verhandeln oder Austricksen lösen lassen. Zusätzlich beeinflussen situative Faktoren (4), wie bspw. Streiks oder Lieferengpässe, die Kaufentscheidung.[103]

2.3 Relevante Theorien zur Erklärung des Orderverhaltens

2.3.1 SOR Paradigma als Erklärungsansatz des Orderverhaltens

Das Käuferverhalten setzt sich aus dem organisationalen Käuferverhalten bzw. Beschaffungsverhalten und dem privaten Käuferverhalten bzw. Konsumentenverhalten zusammen.[104] Innerhalb der Kaufentscheidungen von Organisationen ist zu differenzieren, ob die Entscheidung individuell durch den Einkäufer oder im Kollektiv durch Gremien getroffen wird.[105] In dieser Arbeit wird der Begriff „Orderverhalten“ des Modefacheinzelhandels synonym dem Begriff „Beschaffungsverhalten“ der Nachfrager im B2B-Bereich verwendet und bezieht sich auf Individualentscheidungen der Einkäufer des Modefacheinzelhandels.

Theorien des Käuferverhaltens haben das Ziel, Kaufentscheidungen von Individuen auf bestimmte Anreize in der Umwelt zurückzuführen, um das Kaufverhalten von Individuen zu erklären.[106] Auf Basis der so gewonnenen Erkenntnisse lassen sich Empfehlungen zur Beeinflussung des Käuferverhaltens ableiten. Zwei grundlegende Paradigmen, denen sich zahlreiche Modelle zuordnen lassen, dominieren die Kaufverhaltensforschung: das Stimulus-Response-(S-R-) Paradigma und das Stimulus-Organism-Response- (S-O-R-) Paradigma.

---

[102] Vgl. Sheth (1973), S. 54.
[103] Vgl. Foscht/Swoboda (2007), S. 271 ff.
[104] Vgl. Pepels (2005), S. 31.
[105] Vgl. Foscht/Swoboda (2007), S. 11.
[106] Vgl. Diller (2001), S. 752 f.

Dem S-R-Paradigma liegt die Annahme zugrunde, dass ein bestimmter Reiz S (Stimulus) zu einer beobachtbaren Reaktion R (Response) eines Individuums führt. Nach diesem Ansatz erklären die Stimuli unmittelbar die Reaktion eines Käufers. Dabei unterscheidet man Marketing-Stimuli, d. h. die Hauptgestaltungsinstrumente eines Marketingprogramms, und Umfeldanreize, die aus den Gestaltungskräften und Ereignissen des konjunkturellen, technologischen, politischen und kulturellen Umfelds resultieren. All diese Anreize durchlaufen den Reaktionsorganismus des Käufers und bewirken die Kaufentscheidungen.[107] Die psychischen inneren Vorgänge im Organismus werden ausgeklammert und gleichen einer „Black Box".[108] Strukturen im Käuferverhalten lassen sich nicht erkennen und daher auch nicht eindeutig untersuchen.

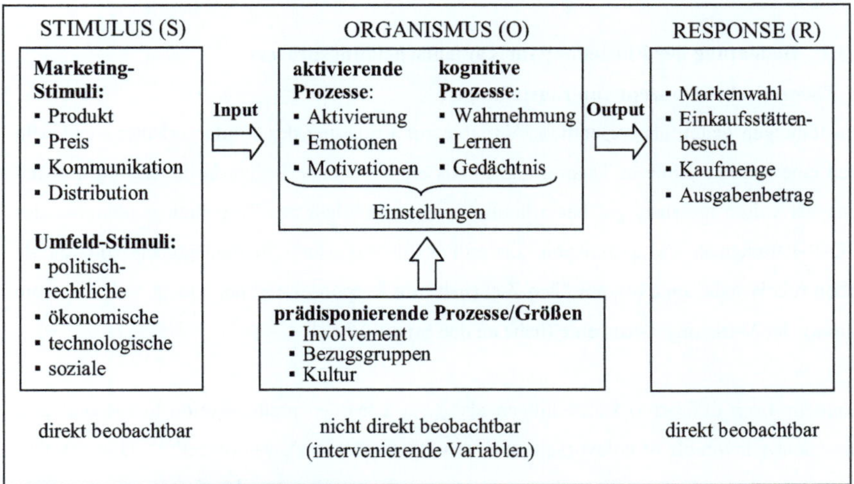

Abbildung 5: S-O-R Modell - Prinzipdarstellung[109]

Im Gegensatz zum S-R-Paradigma stellt das S-O-R-Paradigma neben direkt beobachtbaren und daher messbaren Variablen auf unsichtbare Prozesse im Inneren des Individuums (intervenierende Variable) ab, die man allenfalls indirekt über Indikatoren messen kann. Das Prinzip des S-O-R-Paradigmas ist in *Abbildung 5* verdeutlicht. Die intervenierenden Variablen sollen das Handeln der Individuen erklären und die Black Box des Organismus erhellen.[110]

[107] Vgl. Kotler/Keller/Bliemel (2007), S. 276.
[108] Vgl. Nieschlag/Dichtl/Hörschgen (2002), S. 589.
[109] In Anlehnung an Foscht/Swoboda (2007), S. 30.
[110] Vgl. Pepels (2005), S. 35.

Das System der intervenierenden Variablen setzt sich dabei aus aktivierenden Prozessen und kognitiven Prozessen zusammen.[111] Als aktivierend bezeichnet man Prozesse, die mit inneren Spannungen und Erregungen verbunden sind und die Individuen mit grundlegenden Antriebskräften versorgen. Als kognitiv werden Prozesse bezeichnet, durch die das Individuum Informationen aufnimmt, verarbeitet und speichert.[112] Beobachtbare Stimuli aus der Umwelt (z. B. Werbung) lösen nicht beobachtbare Vorgänge innerhalb des Organismus der Individuen aus (z. B. Einstellung), welche schließlich zur Verhaltensreaktion (z. B. Kauf) führen.[113]

Das S-O-R-Modell bildet die Grundlage für mannigfaltige Forschungsarbeiten. So wird auch in der vorliegenden Arbeit das Orderverhalten entsprechend dem S-O-R-Paradigma konzeptionalisiert.[114]

2.3.2 Bedeutung der Einstellung im Kaufentscheidungsprozess

- **Theoretisches Konzept von Einstellungen**

Einstellungen gelten als wesentliche Variable zur Erklärung des Käuferverhaltens und nehmen eine zentrale Rolle in Theorie und Praxis ein.[115] Gründe liegen darin, dass die Einstellung als valide messbar, gut beeinflussbar und hinsichtlich des Zurechnungsdilemmas des S-O-R-Paradigmas als „praktikable Zielgröße“ für das Marketingmanagement gilt, da sie schon relativ nahe am ökonomischen Ziel (nahe am Response) und noch nicht weit weg vom Einsatz der Marketinginstrumente (nahe an den Stimuli) ist.[116]

Fishbein/Ajzen definieren Einstellungen als „(...) a learned predisposition to respond in a consistently favorable or unfavorable manner with respect to a given object“.[117] Diese Definition verdeutlicht, dass die Einstellung ein erlerntes Konstrukt ist und auf ein bestimmtes Objekt bezogen ist. Bezugsobjekte können sowohl psychische Objekte (z. B. Verhaltensweisen) als auch physische Objekte (z. B. Produkte oder Dienstleistungen) sein.[118] Die Einstellung ist ein hypothetisches Konstrukt, das nicht direkt beobachtbar ist und sich nur über Verhaltens-

[111] Vgl. Foscht/Swoboda (2007), S. 29.
[112] Vgl. Kroeber-Riel/Weinberg/Gröppel-Klein (2009), S. 49 f.
[113] Vgl. Pepels (2005), S. 35.
[114] Siehe Kapitel 3.
[115] Vgl. Ajzen (2001), S. 28.
[116] Vgl. Trommsdorff (2004), S. 160; Foscht/Swoboda (2007), S. 64.
[117] Fishbein/Ajzen (1975), S. 6.
[118] Nieschlag/Dichtl/Hörschgen (2002), S. 595.

weisen und Stellungnahmen des Individuums gegenüber dem Meinungsgegenstand erkennbar macht.[119]

Obwohl die Einstellung als eines der am besten erforschten Konstrukte gilt,[120] existiert in der Literatur kein Konsens über dessen Definition. *Petty/Unnava/Strathman* verstehen unter Einstellungen „(…) global and relatively enduring (…) evaluations of objects, issues or persons (…).These evaluations can be based on behavioural, cognitive, and affective information and experiences, and they are capable of guiding behavioural, cognitive, and affective responses".[121] Demzufolge sind Einstellungen dadurch gekennzeichnet, dass sie eine hohe zeitliche Stabilität[122] bzw. langfristigen Charakter aufweisen und sich aus mehreren Komponenten zusammensetzen.

Zur Erfassung von Einstellungen existieren eindimensionale und multiattributive Konzepte. Vertreter der multiattributiven Einstellungsmodelle gehen im Gegensatz zu den Anhängern der eindimensionalen Konzeption davon aus, dass sich Einstellungen aus mehreren Komponenten zusammensetzen. Der wohl populärste Ansatz in der Einstellungsforschung ist die „Drei-Komponenten-Theorie".[123] Sie kategorisiert eine affektive bzw. gefühlsmäßige, eine kognitive bzw. wissensbasierte und eine konative bzw. handlungsbezogene Komponente.[124] Während die kognitive Komponente das Wissen um den Einstellungsgegenstand bezeichnet,[125] bezieht sich die affektive Komponente auf die emotionale Bewertung bzw. Gefühle gegenüber dem Einstellungsgegenstand. Die konative Komponente drückt sich in der Verhaltensbereitschaft gegenüber dem Einstellungsgegenstand aus.[126]

Die Drei-Komponenten-Theorie fordert, dass die Komponenten aufeinander abgestimmt und konsistent sein sollen.[127] Die Konsistenztheorie untermauert diese These, dass sich Einstellungen gegenseitig bedingen bzw. voneinander abhängig sind und vom Individuum selbst

[119] Vgl. Mayer/Illmann (2000), S. 130.
[120] Vgl. Kroeber-Riel/Weinberg/Gröppel-Klein (2009), S. 210.
[121] Petty/Unnava/Strathman (1991), S. 242.
[122] Vgl. Foscht/Swoboda (2007), S. 61.
[123] Vgl. Trommsdorff (2004), S. 164.
[124] Vgl. Ajzen (1993), S. 41 ff.
[125] Vgl. Neumann (2001), S. 133.
[126] Vgl. Nieschlag/Dichtl/Hörschgen (2002), S. 596.
[127] Vgl. Gröppel-Klein (2004), S. 336.

verändert werden können.[128] Sie besagt, dass jedes Individuum nach einer widerspruchsfreien Verknüpfung von inneren Erfahrungen, Kognitionen und Einstellungen strebt. Stehen Einstellungen im Widerspruch zueinander, wird das Individuum versuchen, sie zu verändern oder zu verdrängen, um das psychische Gleichgewicht aufrecht zu erhalten.[129]

- **Theorien zum Zusammenhang zwischen Einstellung und menschlichem Verhalten**

Die Annahme, dass zwischen Einstellungen und Verhalten ein positiver Zusammenhang besteht und Einstellungen von heute das Verhalten von morgen bestimmen, wird als Einstellungs-Verhaltens-Hypothese (EV-Hypothese) bezeichnet.[130] Ob Einstellungen jedoch einen direkten Einfluss auf das Verhalten haben, ist in der Literatur sehr umstritten. Ausgangspunkt dieser Diskussion ist eine Studie von *LaPière* (1934), der belegte, dass es zwischen der Einstellung zu einem Sachverhalt oder Meinungsgegenstand und dem Verhalten keinen Zusammenhang gibt.[131] Störfaktoren der EV-Hypothese können situative Faktoren oder soziale Einflüsse sein, die als weitere Einflussgrößen das Verhalten beeinflussen.[132]

Eine Theorie, die die Wirkung der Einstellung auf das Verhalten umfasst, ist die von *Ajzen* konzipierte Theorie des geplanten Verhaltens (Theory of Planned Behavior),[133] die auf der Theorie des überlegten Handelns (Theory of Reasoned Action (TORA)) von *Fishbein/Ajzen* basiert.[134] Im Rahmen der TORA unterscheidet man zwischen Einstellungen, Verhaltensabsichten bzw. Verhaltensintentionen und dem tatsächlichem Verhalten.[135] Zentraler Faktor ist dabei die Verhaltensintention eines Individuums, die das tatsächliche Verhalten determiniert.[136] Die tatsächliche Realisierung eines Verhaltens ist umso wahrscheinlicher, je stärker die Intention ist, ein bestimmtes Verhalten auszuüben.[137] Die Verhaltensintention ergibt sich als Funktion der Einstellung der agierenden Person gegenüber dem eigenen Verhalten und sozialen Normen, die auf das Individuum von außen einwirken.[138] Demnach entschließen sich Individuen dann zu einem Verhalten, wenn ihre Einstellung hierzu positiv ist und sie davon

[128] Vgl. Foscht/Swoboda (2007), S. 63; Trommsdorff (2004), S. 134.
[129] Vgl. Kroeber-Riel,Weinberg,Gröppel-Klein (2009), S. 227 ff.
[130] Vgl. Kroeber-Riel/Weinberg/Gröppel-Klein (2009), S. 217.
[131] Vgl. LaPière (1934), S. 230 ff.
[132] Vgl. Foscht/Swoboda (2007), S. 64.
[133] Vgl. Ajzen (1985), S. 11 ff.
[134] Vgl. Fishbein/Ajzen (1975), S. 216 ff.
[135] Vgl. Kroeber-Riel/Weinberg/Gröppel-Klein (2009), S. 217.
[136] Vgl. Ajzen (1993), S. 48.
[137] Vgl. Fishbein/Ajzen (1975), S. 288.
[138] Vgl. Nieschlag/Dichtl/Hörschgen (2002), S. 597.

überzeugt sind, dass ihre sozialen Einflussgruppen die Realisation dieses Verhaltens positiv bewerten.[139] Im Gegensatz dazu wird nach *Fazio* die Verhaltensintention direkt durch die Einstellung gegenüber einem Objekt beeinflusst.[140] Die TORA unterstellt ein überlegtes, durch Informationen gestütztes Verhalten der Individuen. In der Literatur wird an der TORA eine Vielzahl von Kritikpunkten geäußert, wie bspw. die fehlende Berücksichtigung der Rückwirkungen des Verhaltens auf die Einstellung und der mangelnden Gültigkeit des Modells bei nicht-kognitiv gesteuerter Kontrolle des Verhaltens.[141]

Die Theorie des geplanten Verhaltens nach *Ajzen* knüpft an Teilbereichen dieser Kritik an und berücksichtigt zudem die Variable der wahrgenommenen Verhaltenskontrolle und erweitert die Erklärungskraft der TORA um Situationen, in denen die Individuen keine vollständige Kontrolle über ihr Verhalten ausüben können.[142] Auch in diesem Modell beeinflusst die Verhaltensabsicht, analog zur TORA, direkt das tatsächliche Verhalten; die Verhaltensabsicht wird wiederum von der Einstellung determiniert.

Beide Theorien sind weit verbreitete Modelle zur Erklärung des Wirkungszusammenhangs von Einstellungen, Verhaltensabsichten und tatsächlichem Verhalten und finden auch in der vorliegenden Arbeit zur Erklärung des Orderverhaltens Anwendung.

2.3.3 Attitude toward the Ad-Modell

Das Attitude toward the Ad-Modell, das *Lutz/MacKenzie/Belch* erstmals vorgestellt haben,[143] befasst sich mit der Wirkung von Werbung und liefert einen hohen Erklärungsbeitrag zu den Beziehungen zwischen Werbemaßnahmen oder anderen Formen der Marketing-Kommunikation, der Einstellung und dem Verhalten. Die zentrale Erkenntnis dieses Modells ist, dass die Einstellung gegenüber der Werbung (Attitude toward the Ad oder kurz A_{ad}) einen Einfluss auf die Einstellung gegenüber der Marke und die Kaufabsicht besitzt.

A_{ad} kann man als eindimensionales oder mehrdimensionales Konstrukt betrachten. *Lutz* definiert A_{ad} als „a predisposition to respond in a favorable or unfavorable manner to a particu-

[139] Vgl. Fishbein/Ajzen (1975), S. 216 ff.
[140] Vgl. Fazio (1990), S. 75 ff.
[141] Vgl. Kroeber-Riel/Weinberg/Gröppel-Klein (2009), S. 213.
[142] Vgl. Ajzen (1993), S. 48.
[143] Vgl. Lutz/MacKenzie/Belch (1983).

lar advertising stimulus during a particular exposure occasion".[144] A_{ad} betrachtet Lutz als rein affektives Konstrukt, er teilt somit nicht die Zwei-Komponenten-Sichtweise, deren Vertreter A_{ad} als multidimensionales Konstrukt mit affektiven und kognitiven Komponenten darstellen. Zudem ist zu berücksichtigen, dass sich A_{ad} auf die Einstellung der Konsumenten gegenüber einer bestimmten Werbung zum Zeitpunkt des Werbekontakts bezieht und somit ein situationsspezifisches Konstrukt repräsentiert.[145] Da nach *Mäßen* die Idee von A_{ad} als mehrdimensionales Konstrukt in der empirischen Forschung vernachlässigt wurde,[146] erfolgt an dieser Stelle keine genauere Darstellung von kognitiven und emotionalen bzw. affektiven Dimensionen von A_{ad}.[147]

Die Arbeiten von *Mitchell/Olsen* sowie *Shimp* gaben den Anstoß zu einer tieferen Auseinandersetzung mit dem Einfluss von A_{ad}. Sie gehen davon aus, dass die Einstellung gegenüber dem Werbestimulus das Marken- bzw. Wahlverhalten beeinflusst.[148] Entsprechend der Definition von *Lutz/MacKenzie/Belch* setzt sich das Modell aus folgenden Komponenten zusammen: die Wahrnehmungen der Werbung (Ad Cognitions), die Wahrnehmungen der Marke bzw. Werbeobjekt (Brand Cognitions), die Einstellung gegenüber der Werbemaßnahme (Attitude toward the Ad), die Einstellung gegenüber der Marke bzw. Werbeobjekt (Attitude toward the Brand, kurz A_b) und der Kaufabsicht (Purchase Intention).[149] Sie stellen die affektive Komponente in den Vordergrund und sind daher Anhänger der eindimensionalen Sichtweise von A_{ad}. Auf der Basis früherer Forschungen haben sie vier Hypothesen zu den kausalen Beziehungen von A_{ad} und anderen Maßen herausgearbeitet. Die Affect-Transfer-Hypothese unterstellt einen direkten kausalen Zusammenhang zwischen der Einstellung gegenüber der Werbung und der Einstellung zur Marke.[150] Die Dual-Mediation-Hypothese postuliert zudem einen indirekten kausalen Zusammenhang zwischen A_{ad} und A_b, indem die Einstellung zur Werbung über die Wahrnehmung der Marke auf die Einstellung zur Marke wirkt.[151] Basierend auf der Balance-Theorie nach *Heider*[152] entwickelten die Forscher die Reciprocal-Mediation-Hypothese. Die Balance-Theorie geht davon aus, dass Konsumenten nach einem

[144] Lutz (1985), S. 46.
[145] Vgl. MacKenzie/Lutz (1989), S. 49.
[146] Vgl. Mäßen (1998), S. 22.
[147] Für eine Auseinandersetzung mit den kognitiven und affektiven bzw. emotionalen Dimensionen siehe z. B. Burton/Lichtenstein (1988); Shimp (1981).
[148] Vgl. Mitchell/Olsen (1981), S. 327; Shimp (1981).
[149] Vgl. Lutz/MacKenzie/Belch (1983), S. 533.
[150] Vgl. MacKenzie/Lutz/Belch (1986), S. 131.
[151] Vgl. MacKenzie/Lutz/Belch (1986), S. 132.
[152] Vgl. Heider (1946), S. 107 ff.

ausgeglichenen bzw. harmonischen Verhältnis der Beziehungen zwischen den an der Einstellungsbildung beteiligten Elementen streben.[153] Demnach werden sie entweder beides mögen, die Werbung (A_{ad}) und die Marke (A_b), oder sie werden beides nicht mögen. Im Gegensatz zu den bisherigen Hypothesen nimmt die Independet-Influence-Hypothese keinen direkten Einfluss von A_{ad} auf A_b an, so dass die Kaufabsicht auch ohne Einstellungstransfer von der Werbung auf die Marke beeinflusst werden kann.[154] Eine Gemeinsamkeit der vier Erklärungen ist die postulierte direkte kausale Beziehung von der Einstellung gegenüber der Marke auf die Absicht der Konsumenten, diese zu kaufen. Dieser Zusammenhang lässt sich aus der Theorie des geplanten Verhaltens[155] ableiten und gilt als verlässlicher Indikator der Werbewirkung.[156] Da Modeunternehmen eine Reihe von Marketing-Kommunikationsformen einsetzen, wie bspw. Fashionshows, Werbung und Direktmarketing,[157] erscheint es sinnvoll, die Erkenntnisse des A_{ad}-Modells auch auf die hier behandelte Materie des Orderverhaltens anzuwenden.

2.3.4 Selbstkonzepttheorie

Zur Erklärung des Käuferverhaltens sind neben dem Wirkungszusammenhang zwischen Einstellung und Verhalten, dem die im vorherigen Kapitel beschriebene Theorie des überlegten Handelns zugrunde liegt,[158] zudem die Bestimmungsfaktoren der Einstellung von Bedeutung. Nach *Urban* und *Bamberg* können unter anderem die Werthaltungen eines Individuums als Bestimmungsfaktoren der Einstellungen herangezogen werden.[159] Diese Werthaltungen gelten als Teilmenge der menschlichen Persönlichkeit,[160] die laut *Epstein* wiederum das Selbstkonzept konstituiert.[161] Im Folgenden schließt sich daher die Vorstellung der aus der Psychologie und Soziologie stammenden Theorie des Selbst (Self Theory) an.

Dem Selbstkonzept liegt die Annahme zugrunde, dass das Selbstbild einen starken Einfluss auf das Verhalten eines Individuums ausübt.[162] Für das Konstrukt liegt keine allgemeingültige Definition vor. *Rosenberg* definiert das Selbstkonzept als „(...) the totality of the individual's

[153] Vgl. Kroeber-Riel/Weinberg/Gröppel-Klein (2009), S. 228.
[154] Vgl. MacKenzie/Lutz/Belch (1986), S. 132.
[155] Vgl. hierzu Kapitel 2.3.2.
[156] Vgl. MacKenzie/Lutz/Belch (1986), S. 131.
[157] Vgl. Fionda/Moore (2009), S. 356.
[158] Vgl. hierzu auch Braunstein (2001), S. 106.
[159] Vgl. Urban (1991), S. 166 ff; Bamberg (1996), S. 50 ff.
[160] Vgl. Bilsky/Schwartz (1994), S. 165 ff.
[161] Vgl. Epstein (1977), S. 83 ff.
[162] Vgl. Onkvisit/Shaw (1987), S. 14.

thoughts and feelings having reference to himself as an object".[163] Demnach beschreibt das Selbstkonzept die individuelle Sichtweise eines Individuums über die eigene Persönlichkeit[164] bzw. das Selbstbild einer Person.[165] Das Selbstkonzept wird als kognitive Struktur konzeptionalisiert und weist Mehrdimensionalität auf. Der Mehrdimensionalität des Selbstkonzepts liegt die Annahme zugrunde, dass nicht allein individuelle Persönlichkeitszüge, sondern auch exogene situative Einflüsse das Verhalten einer Person tangieren.[166] Das Selbstkonzept ist nicht angeboren, sondern das Ergebnis eines gelernten, kontinuierlichen und aktiven Prozesses, der sich in den Ideen, Gefühlen und Emotionen des Individuums in Relation zu anderen Personen als sozialer Referenzpunkt verfestigt.[167] Es besteht die Tendenz, dass sich Personen mit fortschreitendem Alter durch eine steigende Anzahl von Persönlichkeitsmerkmalen beschreiben können, wodurch das Selbstkonzept einen Zuwachs an signifikanten Komponenten erfährt.[168]

Grundsätzlich liegen verschiedene Selbstkonzeptionen vor. Die Relevanz des tatsächlichen und des idealen Selbstkonzepts für die Kaufabsicht konnten dabei diverse empirische Studien beweisen.[169] Das tatsächliche Selbstkonzept kann als eine Art Gegenwartskomponente verstanden werden, das sich auf das Selbstbild einer Person in diesem Augenblick bezieht. Im Gegensatz dazu symbolisiert das ideale Selbstkonzept das Bild, welchem das Individuum gerne entsprechen würde. Im Allgemeinen stellt das ideale Selbstkonzept eine Art Referenzpunkt dar, mit dem das tatsächliche Selbstkonzept verglichen wird. Bestehen Widersprüche zwischen tatsächlichem und aktuellem Selbstkonzept, so wird die Person bemüht sein, den idealen Zustand zu erreichen.[170]

Im Rahmen der selbstkonzeptorientierten Kaufverhaltensforschung kommt der Kongruenzhypothese die größte Bedeutung zu. Dabei kann das Streben nach Selbstkonsistenz einer Person als Motivation zur Selbstkongruenz fungieren, indem die Person bemüht ist, ein mögliches widerspruchsfreies und konsistentes Selbstbild aufrecht zu erhalten. *Sirgy* definiert Selbstkongruenz folgendermaßen: "Self-Congruity refers to the process involving the match

[163] Rosenberg (1979), S. 7.
[164] Vgl. Zinkhan/Hong (1991), S. 348.
[165] Vgl. Foscht/Swoboda (2007), S. 126.
[166] Vgl. Malhorta (1988), S. 8 f.
[167] Vgl. Carroll (2009), S. 148.
[168] Vgl. Zinkhan/Hong (1991), S. 349.
[169] Vgl. z. B. Kressmann/Herrmann/Huber/Magin (2003), S. 411.
[170] Vgl. Zinkhan/Hong (1991), S. 348.

or mismatch between a stimulus representing a perceived self-image and a referent self-image".[171] Nach seiner Theorie resultiert die Kongruenz aus dem psychologischen Vergleich des Individuums zwischen seinem Selbstkonzept und der Persönlichkeit der Marke. Je stärker die Übereinstimmung der menschlichen Persönlichkeit mit der Markenpersönlichkeit, desto positiver wird die Marke wahrgenommen und desto höher ist die Präferenz für das Produkt.[172] Da Bekleidungsmode, insbesondere Premium- oder Luxusmarken mit einer prägnanten Markenpersönlichkeit, den Link zwischen der Persönlichkeit des Individuums und der Kommunikation seiner Einstellung nach außen ermöglichen[173] und damit als Instrument zur Selbstdarstellung dienen, finden die Erkenntnisse der Selbstkonzepttheorie auch in der vorliegenden Arbeit zur Erklärung des Orderverhaltens Anwendung.

[171] Sirgy et al. (1997), S. 230.
[172] Vgl. Kassarjian/Sheffet (1991), S. 286.
[173] Vgl. Khare/Rakesh (2010), S. 211.

3 Konzeptualisierung eines Untersuchungsmodells zur Evaluierung relevanter Einflussfaktoren des Mode-Orderverhaltens

3.1 Theoretischer Rahmen

Nach der Vorstellung der Grundlagen und relevanten theoretischen Bezugspunkte in *Kapitel 2* erfolgt in diesem Kapitel die Entwicklung eines Untersuchungsmodells, um relevante Einflussfaktoren des Orderverhaltens im Modebereich zu evaluieren. Die Einflussfaktoren können auch als Erfolgsfaktoren des Orderverhaltens bezeichnet werden. Dabei versteht man unter Erfolgsfaktoren üblicherweise Einflussfaktoren, welche maßgeblich zum Unternehmenserfolg beitragen.[174] Die Konzeptualisierung des Untersuchungsmodells zur Erklärung des Orderverhaltens beruht auf den Erkenntnissen der in *Kapitel 2.3* vorgestellten Grundlagen und Theorien sowie Plausibilitätsüberlegungen.

In der vorliegenden Arbeit wird das Orderverhalten entsprechend dem S-O-R-Paradigma konzeptionalisiert. Demnach bilden Fashionlabels im Sinne von Marken externe Stimuli (S), die Reaktionen der Zielgruppen hervorrufen.[175] Die Reaktionen äußern sich zum einen in internen, nicht beobachtbaren Prozessen (O) und zum anderen in sichtbaren Reaktionen (R), wie bspw. in Form von Kauf versus Nicht-Kauf.

Im Kern des hier entwickelten Modells steht die Einstellung des Einkäufers gegenüber dem Fashionlabel. Diese Größe wird als zentrales Konstrukt im Entscheidungsprozess für eine Marke angesehen, da gemäß der Theorie des geplanten Verhaltens Einstellungen zur Erklärung von Verhaltensabsichten fungieren können.[176] Zusätzlich lassen sich Faktoren identifizieren, die die Einstellung gegenüber dem Fashionlabel beeinflussen. In der Literatur werden solche Einflussfaktoren häufig in die Kategorien „weiche“ (emotionale) und „harte“ (ökonomische) Faktoren unterteilt.[177] Zu den weichen Faktoren zählen persönlichkeitsbezogene, immaterielle Dimensionen[178] wie z. B. das Branding,[179] das Prestige der Marke und das Markenimage.[180] Als harte Faktoren gelten hingegen die Leistung an sich bzw. das Produkt und

174 Vgl. Pratt (1988), S. 6 ff.
175 Vgl. Gröppel-Klein (2004), S. 323.
176 Siehe Kapitel 2.3.2.
177 Vgl. Kotler/Pfoertsch (2006), S. 30.
178 Vgl. Brown/Bellenger/Johnston (2007), S. 226.
179 Vgl. Levy (1985), S. 67 ff.
180 Vgl. Lauszus/Kalka (2006), S. 498.

die Problemlösungskompetenz,[181] welche eher auf die rationalen Aspekte des Kaufentscheidungsprozesses Bezug nehmen. *Nippa* erklärt, dass eine rationale Entscheidung „vom Streben nach Maximierung des eigenen – objektiven oder subjektiven – Nutzens geleitet wird und ein sukzessives, logisches und lineares Vorgehen bei der Lösung des Entscheidungsproblems an den Tag legt“.[182] Auch in der vorliegenden Arbeit erfolgt eine Einteilung der einstellungsbildenden Faktoren in die Kategorien „ökonomisch“ und „emotional“, um sie voneinander abzugrenzen und die Interpretation der Untersuchungsergebnisse in *Kapitel 4* zu unterstützen. Dabei ist darauf hinzuweisen, dass die Einteilung in ökonomisch und emotional nicht trennscharf erfolgen kann, sondern von dem Ermessensspielraum des Forschers abhängig ist. Zu den emotionalen Faktoren zählen in dieser Studie der Fit zwischen dem Fashionlabel und dem Modehändler, der Fit zwischen dem Fashionlabel und dem Endkunden, die persönliche Identifikation des Einkäufers mit dem Fashionlabel, die Einstellung des Einkäufers gegenüber B2C-Kommunikationsmaßnahmen sowie die Einstellung des Einkäufers gegenüber B2B-Kommunikationsmaßnahmen. Die Kategorie ökonomische Faktoren umfasst die Zufriedenheitskonstrukte Zufriedenheit mit den Produkten, mit dem Vertriebspersonal, mit der Auftragsabwicklung und mit dem Service.

Im Folgenden werden die potentiellen Erfolgsfaktoren in das Modell integriert und deren Einflüsse auf die Einstellung gegenüber dem Fashionlabel und die Wiederkaufabsicht erforscht. Darüber hinaus lässt sich das entwickelte Modell mit der Integration der Variablen Beziehungsqualität zu dem Fashionlabel, Länge der Geschäftsbeziehung und Kaufhäufigkeit auf die Existenz moderierender Effekte untersuchen.

3.2 Emotionale Einflussfaktoren auf das Orderverhalten

3.2.1 Fit

Das Orderverhalten im B2B-Kontext weist im Vergleich zum Kaufverhalten im B2C-Kontext einen stark formalisierten Kaufprozess zur Deckung eines betrieblichen (nicht privaten) Bedarfs auf. Die Käufer handeln demnach nicht als Privatpersonen, sondern als Mitarbeiter eines Unternehmens. Es handelt sich um eine abgeleitete Nachfrage, die Einkäufer ordern Produkte nicht für den eigenen Bedarf sondern für den Weiterverkauf an ihre Kunden.[183] Den organisationalen Kauf steuern demnach zum einen die Nachfrage der Endkunden bzw. die Strategie

[181] Vgl. Brown/Bellenger/Johnston (2007), S. 226.
[182] Nippa (2001), S. 136.
[183] Siehe Kapitel 2.2.

des Einkäufers, seinen Kunden ein attraktives Produktangebot zusammenzustellen.[184] Zum anderen wird das Orderverhalten von der strategischen Ausrichtung des Modehändlers geleitet.[185] So weist auch das Modell von *Sheth* auf die Bedeutung unternehmensspezifischer Faktoren, wie z. B. der Ausrichtung der Organisation, für den organisationalen Kaufprozess hin.[186]

Die Frage, inwieweit das zu ordernde Fashionlabel zu dem Modehändler und zu den Anforderungen der Endkunden passt, misst in dieser Studie das Fit-Konstrukt. Nach *Baumgarth* ist der Fit das Ergebnis eines Vergleichsprozesses zwischen Konstrukten durch ein Individuum, welches beurteilt, wie gut zwei Konstrukte zusammenpassen.[187] In der vorliegenden Arbeit bezeichnet der Fit das Ausmaß der Übereinstimmung oder Ähnlichkeit zwischen Vergleichsobjekten.[188] Die Untersuchung von *Bausback* belegt, dass der Fit der Positionierungsinhalte einer B2B-Marke zu dem kaufenden Unternehmen Einfluss auf die Einstellung des Individuums hat.[189] Dieser Faktor wird im Kontext der vorliegenden Arbeit als Fit des Fashionlabels zu dem einkaufenden Unternehmen verstanden und nachfolgend betrachtet. Daran schließt sich die Erläuterung des Fits zu den Endkunden an.

- **Fit zum Modehändler**

Im Bereich des Modemarketing ist zu berücksichtigen, dass die Händler die georderten Labels nutzen, um ihr Unternehmen bzw. ihren Store als Marke aufzubauen: „Der Händler wünscht sich seinen Point of Sale selbst möglichst einheitlich als eigene Marke zu gestalten (…)“.[190] Die Händler profitieren dabei von einem Imagetransfer, indem das Image[191] und die Glaubwürdigkeit der eingekauften Fashionlabels auf den eigenen Store übergehen.[192] Demnach ist anzunehmen, dass Einkäufer bei ihren Orderentscheidungen Fashionlabels präferieren, die aus ihrer Sicht ein gutes Image haben, welches zu ihrem Unternehmen passt. Nach *Baumgarth* lässt sich der Fit auch als „(…) die subjektive Beurteilung der Beziehung zwischen einer

184 Vgl. Webster/Keller (2004), S. 391.
185 Vgl. Bausback (2007), S. 145; Webster/Keller (2004), S. 395.
186 Siehe Kapitel 2.2.3.; Sheth (1973), S. 51 ff.
187 Vgl. Baumgarth (2003), S. 225.
188 Vgl. Lafferty (2007), S. 448.
189 Vgl. Bausback (2007), S. 190 f.
190 Brandmeyer (1999), S. 1250.
191 Berth definiert das Image als „das Gesamtbild (…), das sich ein Mensch von einem Objekt macht, mit dem er sich auf irgendeiner Weise auseinandersetzt“, Berth (1963), S. 117.
192 Vgl. Webster (2000), S. 18.

Marke und einem weiteren Imageobjekt“[193] verstehen. Der Fit ist demzufolge ein geeignetes Konstrukt, um die Einschätzung des Einkäufers, wie gut das Fashionlabel mit dem Image seines Unternehmens zusammenpasst, zu erfassen. Zusätzlich ist an dieser Stelle anzuführen, dass laut *Nitschke* ein positiver Zusammenhang zwischen der Wahrscheinlichkeit eines Imagetransfers und dem Fit existiert.[194] Je größer also der emotionale Faktor Fit ist, desto höher ist die Wahrscheinlichkeit eines Imagetransfers. Auch dieser Zusammenhang lässt darauf schließen, dass Einkäufer um einen hohen Fit zwischen Label und ihrem Unternehmen bemüht sind, damit der gewünschte positive Imagetransfer des Labels auf ihr Unternehmen funktioniert.

In zahlreichen Bereichen des Marketing, wie bspw. Brand Extension, Sponsoring und Markenallianzen, wurde die positive Wirkung des Fit auf die Einstellung nachgewiesen.[195] Die Kongruenztheorie[196] gehört zu den Theorien, die die Wirkung des Fit-Konstrukts belegt. Sie besagt, dass die Verbundenheit oder Gleichartigkeit bzw. Ähnlichkeit die Speicherung und Wiederabrufbarkeit von Informationen beeinflusst. Je kongruenter die Informationen oder Eindrücke, desto stärker die Assoziationen.[197] Umgekehrt führen Inkonsistenzen der Images bzw. Assoziationen der Vergleichsobjekte zu unerwünschten Beurteilungen der Individuen. So weisen auch *Aaker/Keller* darauf hin, dass „a poor fit (…) may actually stimulate undesirable beliefs and associations“. [198]

Hinweise auf die Bedeutung der Kongruenztheorie im Wirkungszusammenhang des Fit-Konstrukts finden sich in den konstitutiven Merkmalen einer Marke. Durch die für einen Markenartikel typische Konstanz der Qualität wird die Marke von den Kunden als Gütesiegel empfunden. Die Marke übernimmt eine Garantiefunktion, da die hohe Qualitätskonstanz das subjektive Kaufrisiko der Kunden minimiert.[199] Folglich ist anzunehmen, dass die Kunden die Marke als Informationsträger der Qualität eines Produktes nutzen, wobei die Assoziationen für ein neues Produkt entsprechend der Kette „gleiche Marke-gleiche Leistung“ funktionieren.[200] Vor diesem Hintergrund haben Einkäufer ein Interesse Fashionlabels mit positivem

[193] Baumgarth (2000), S. 48.
[194] Vgl. Nitschke (2006), S. 180.
[195] Vgl. Aaker/Keller (1990); Huber et al. (2008); Rifon et al. (2004); Simonin/Ruth (1998).
[196] Vgl. Osgood/Tannenbaum (1955), S. 42 ff.
[197] Vgl. Lafferty (2007), S. 448.
[198] Vgl. Aaker/Keller (1990), S. 30.
[199] Vgl. Kotler et al. (2011), S. 602.
[200] Vgl. Morschett (2002), S. 229.

Image auszuwählen, da die Endkunden von dem Image des Fashionlabels auf das Image und die Qualitätskompetenz des Modehändlers schließen: „Companies recognize the value of using components manufactured by well-respected suppliers to gain legitimacy and acceptance for their own goods“.[201] Wie erinnerlich, werden B2B-Marken häufig zum Reputationstransfer auf die eigene Kompetenz genutzt.[202] Darüber hinaus ist an dieser Stelle zu erwähnen, dass laut *Eickhoff* die Harmonie und Widerspruchsfreiheit des Marktauftritts zu den einflussreichsten Erfolgspotenzialen des Bekleidungseinzelhandels zählt.[203] Auch diese Tatsache lässt darauf schließen, dass Einkäufer Fashionlabels positiv beurteilen, die kongruent zu ihrem Unternehmen sind, um die Harmonie bzw. Widerspruchsfreiheit ihres Marktauftritts zu gewährleisten.

Die Theorie des kognitiven Gleichgewichts, die den Wirkungszusammenhang zwischen Fit und Einstellung erklärt, unterstützt diese These zusätzlich. Demnach streben Individuen nach einer konsistenten, d. h. einer harmonischen und widerspruchsfreien Verknüpfung von inneren Erfahrungen oder Einstellungen. Laut *Morschett* führt eine konsistente und kontinuierliche Vermittlung der gleichen Einstellung durch alle Marketinginstrumente daher „zu einem konsistenten Einstellungssystem und verstärkt die Einstellung gegenüber einem Objekt“.[204] Aufgrund dieser Überlegungen ist anzunehmen, dass der Fit zwischen dem Fashionlabel und dem Unternehmen des Einkäufers die Einstellung des Einkäufers positiv beeinflusst. Eine entsprechende Hypothese lautet daher:

H_1:	Je höher der empfundene Fit zwischen dem Fashionlabel und dem Modehändler, desto positiver ist die Einstellung gegenüber dem Fashionlabel.

- **Fit zum Endkunden**

Weiterhin sind Einkäufer bemüht, ein Sortiment zusammenzustellen, das den Anforderungen und Wünschen ihrer Kunden entspricht: „Reseller purchasing not only involves organisational considerations, but also recognition of the end-customer needs“.[205] Das strategische Dreieck verdeutlicht die Stellung des Endkunden bei der Definition der strategischen Positionierung

[201] Mudambi (2002), S. 527.
[202] Pförtsch/Schmid (2005), S. 65.
[203] Vgl. Eickhoff (1997), S. 162.
[204] Morschett (2002), S. 228.
[205] Glynn/Motion/Brodie (2007), S. 400.

des Modehändlers, wie anhand *Abbildung 6* ersichtlich. Nach dem strategischen Dreieck hat der Modehändler drei Anspruchsgruppen zu berücksichtigen: den Endkunden (bzw. die Zielgruppe), das eigene Unternehmen und den Wettbewerb (vgl. *Abbildung 6*).[206] Demzufolge sollten Einkäufer bestrebt sein, ihr Unternehmen aus Endkundensicht vom Wettbewerb zu differenzieren und ihr Angebot mit den Idealvorstellungen der Endkunden abzustimmen, um eine langfristige erfolgreiche Positionierung sicher zu stellen. Dieser Zusammenhang kann als besonders stark für die Befragungseinheit der Einkäufer des Modefacheinzelhandels angenommen werden. Wie erinnerlich ist der Modefacheinzelhandel dadurch gekennzeichnet, dass die Orderentscheidungen häufig von den Geschäftsinhabern selbst gefällt werden. Daher ist anzunehmen, dass Einkäufer, die zugleich Inhaber des Geschäfts sind, in besonderem Maße die strategische Ausrichtung ihres Unternehmens in ihr Entscheidungskalkül für ein Fashionlabel einbeziehen.

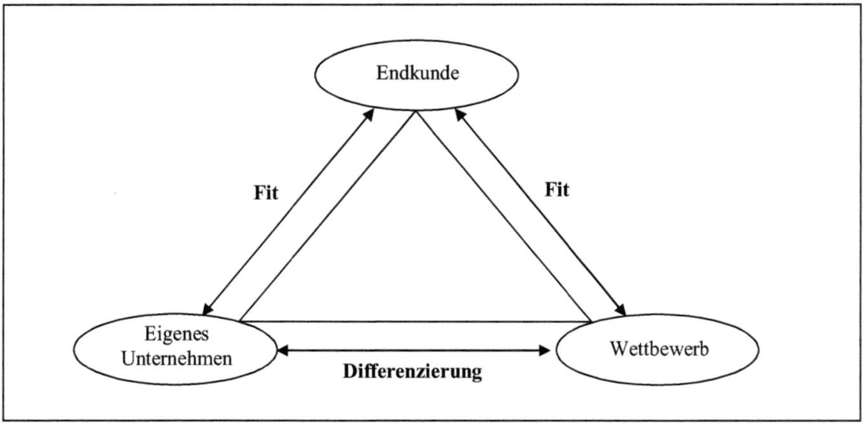

Abbildung 6: Die Beziehung zwischen Endkunde und eigenem Unternehmen im strategischen Dreieck[207]

Aufgrund der Erläuterungen beeinflusst die Übereinstimmung des Labels mit den Anforderungen der Endkunden das Orderverhalten bzw. die Entscheidung des Einkäufers für ein Label. *Bolton/Lemon/Verhoef* definieren den Product-Customer Fit in Anlehnung an *Kristof* (1996) als das Ausmaß der Kompatibilität zwischen Produkt und Kunde. Wobei Kompatibilität gegeben ist, wenn das Produkt die Bedürfnisse der Kunden befriedigt.[208] Analog zum Fa-

[206] Vgl. Homburg/Krohmer (2006), S. 511 f.
[207] Eigene Abbildung in Anlehnung an Homburg/Kromer (2006), S. 512.
[208] Vgl. Bolton/Lemon/Verhoef (2008), S. 50.

hionlabel-Unternehmen Fit und den dort aufgeführten Theorien und Studien, die den Wirkungszusammenhang auf die Einstellung begründen, lässt sich ein positiver Einfluss des Fashionlabel-Endkunden Fit auf die Einstellung des Einkäufers postulieren. Eine entsprechende Hypothese lautet:

H_2:	Je höher der empfundene Fit zwischen dem Fashionlabel und dem Endkunden, desto positiver ist die Einstellung gegenüber dem Fashionlabel.

3.2.2 Personale Identifikation des Einkäufers

Laut *Webster/Keller* sind B2B-Kaufentscheidungen „(...) both rational and emotional, as they serve both the organisation's and the individual's needs".[209] Demnach bestimmen neben rationalen Faktoren auch emotionale Bedürfnisse das Orderverhalten der Einkäufer. In diesem Zusammenhang weist *Bausback* auf die Selbstdarstellungsfunktion von B2B-Marken hin, die sich neben der Selbstdarstellung des Unternehmens auf die Selbstdarstellung des Individuums bezieht, wie z. B. dem Stolz des Einkäufers auf die Zusammenarbeit mit namhaften Herstellern.[210] Nach *Saunders/Watt* sind B2B-Kaufentscheidungen immer auch von der Persönlichkeit des Einkäufers beeinflusst.[211] Um dem Einfluss der Persönlichkeit auf das Orderverhalten Rechnung zu tragen, geht das Konstrukt der personalen Identifikation des Einkäufers mit dem Fashionlabel in das Modell dieser Studie ein.

Pratt (1998) versteht unter der Identifikation das Ausmaß, inwieweit sich ein Individuum in Bezug zu anderen Personen, Gruppen oder Beziehungen selbst definiert bzw. abgrenzt.[212] Im Vordergrund der *personalen* Identifikation stehen die emotionalen persönlichen Assoziationen, welche die Konsumenten von der Marke haben. Im Zusammenhang mit der personalen Identifikation wird in der Literatur auch von der personalen Identität gesprochen, die der Gesamtheit der personalen Identifikation einer Person entspricht.[213] Laut *Riezebos* ist das Konstrukt der personalen Identität von Relevanz für den Erfolg von Markenstrategien, da diese einen größeren Effekt haben, wenn sie zu einem Produkt Bezug nehmen, das die personale

[209] Webster/Keller (2004), S. 395.
[210] Vgl. Bausback (2007), S. 189.
[211] Vgl. Saunders/Watt (1979), S. 116.
[212] Vgl. Cooper/Thatcher (2010), S. 517.
[213] Vgl. Cohrs (2003), S. 10.

Identität des Konsumenten reflektiert.[214] *Brewer* definiert das Konstrukt der personalen Identität eines Individuums folgendermaßen: „Personal Identity is the individuated self- those characteristics that differentiate one individual from others within a given social context".[215] Überträgt man diese Definition auf das Konstrukt der personalen Identifikation, so ist das Bedürfnis nach Differenzierung in Gruppen über die Marke kennzeichnend für die personale Identifikation eines Individuums mit dieser Marke. Aus diesen Überlegungen folgernd hat die personale Identifikation des Einkäufers mit dem Fashionlabel eine Wirkung auf dessen Beurteilung des Fashionlabels.

Im Kontext dieser Arbeit ist anzunehmen, dass die Identifikation des Einkäufers mit dem Fashionlabel in Beziehung zu der Identifikation mit seinem Unternehmen steht. Zahlreiche Studien thematisieren den Einfluss der Mitarbeiteridentifikation mit dem Unternehmen (der sogenannten organisationalen Identifikation) auf den Unternehmenserfolg.[216] Unternehmen können dabei als Objekte mit eigener Persönlichkeit, Image und Identität angesehen werden.[217] *Hughes/Ahearne* verstehen unter der Identifikation mit dem Unternehmen „the perception of oneness with the organization, occuring when a person's beliefs about the organization become self-referential or self-defining".[218] Demnach identifizieren sich Mitarbeiter dann mit einem Unternehmen, wenn sie sich mit dem Unternehmen als „Einheit" fühlen und es ihrem Selbstbild entspricht.

Wie bereits mehrfach erwähnt, bezieht sich die Untersuchung auf den Facheinzelhandel. Charakteristisch für diesen Betriebstyp sind eine geringe Mitarbeiterzahl und die Besonderheit, dass die Orderentscheidungen häufig von den Inhabern selbst gefällt werden.[219] Daher ist anzunehmen, dass sich Einkäufer, die zugleich die Position des Geschäftsinhabers einnehmen, auch in besonderem Maße mit ihrem Unternehmen identifizieren und von dem Motiv der Selbstdarstellung über das Unternehmen gesteuert sind. Die Identifikation des Geschäftsinhabers bzw. Einkäufers mit seinem Unternehmen ist von den geführten Fashionlabels abhängig, da diese das Image und Prestige der Modeboutique maßgeblich beeinflussen. Demnach ist die Identifikation mit dem Label für das Orderverhalten von Bedeutung, da sie in einer positiven

[214] Vgl. Riezebos (2003), S. 21 ff.
[215] Brewer (1991), S. 476.
[216] Vgl. z. B. Hughes/Ahearne (2010).
[217] Vgl. Keh/Xie (2009), S. 733.
[218] Hughes/Ahearne (2010), S. 83.
[219] Vgl. Ahlert/Schröder (2001), S. 37.

Beziehung zur Identifikation mit dem Unternehmen steht. Die Erläuterungen deuten darauf hin, dass dem Konstrukt der Identifikation mit dem Label eine bedeutende Rolle im Orderverhalten zukommt, obwohl es sich im B2B-Kontext um eine abgeleitete Nachfrage handelt und Einkäufer nicht für den eigenen Bedarf bzw. Konsum ordern.

Dass die Identifikation als ein wichtiges Konstrukt zur Erklärung der Beziehung zwischen Einkäufern und ihren georderten Fashionlabels dient, können die Erkenntnisse der Selbstkonzepttheorie und Selbstkongruenztheorie belegen. Die Selbstkonzepttheorie besagt, dass Kunden solche Produkte positiv bewerten, mit denen sie sich identifizieren können und die zur Selbstdarstellung geeignet sind. [220] Der positive Einfluss der Identifikation auf das Kaufverhalten wie z. B. die Loyalität, die Bereitschaft neue Produkte auszuprobieren (Cross Selling) und das erhöhte Weiterempfehlungspotential (Mund zu Mund Propaganda), haben zahlreichen Studien belegt,[221] die häufig auf die Selbstkonzepttheorie Bezug nehmen. Nach der Selbstkonzepttheorie ist die Bedingung für die nutzenstiftende Identifikation die Bestätigung des Selbstbildes eines Individuums durch das Produkt. Diese Bestätigung wird durch die Selbstkonzept-Motive, wie das Bedürfnis nach Erhaltung bzw. Steigerung des positiven Selbstwertgefühls (Selbstwerterhöhung) und der Selbstkonsistenz geleitet.[222] Das Motiv der Selbstkonsistenz erreicht der Kunde nach *Carroll* „via brand consumption, purchasing brands that we perceive to be similar to our self-concept".[223]

Die Tatsache, dass Konsumenten bevorzugt Produkte kaufen, die zu ihrem tatsächlichen oder idealen Selbstkonzept passen, belegt die Selbstkongruenztheorie. Nach *Sirgy* et al. resultiert die Kongruenz aus dem psychologischen Vergleich des Individuums zwischen seinem Selbstkonzept und der Persönlichkeit der Marke.[224] Demnach ist die Einstellung einer Person gegenüber einer Marke abhängig von der Übereinstimmung des Markenimages mit dem Bild, das die Person anderen vermitteln möchte (ideales Selbst), und mit dem Bild, das sie von sich selbst hat (tatsächliches Selbst). Je stärker das Fashionlabel mit der Persönlichkeit bzw. dem Selbstkonzept des Einkäufers übereinstimmt, desto positiver wird die Marke wahrgenommen. Dem Selbstkonzept kommt besonders in Bezug auf Kleidung eine hohe Bedeutung zu, da Kleidung eine wichtige symbolische Funktion übernimmt und den Konsumenten den Aus-

[220] Siehe Kapitel 2.3.4.
[221] Vgl. z. B. Büttner et al. (2008); Algesheimer/Dholakia/Herrmann (2005); Bhattacharya/Sen (2003), S. 83 ff.
[222] Vgl. Asendorpf (1999), S. 241.
[223] Carroll (2009), S. 148.
[224] Siehe Kapitel 2.3.4; Sirgy et al. (1997), S. 230.

druck ihrer eigenen Persönlichkeit und sozialen Status ermöglicht.[225] *Goldsmith/Moore/Beaudoin* bestätigen die wichtige Rolle der Kleidung „in the formation and exhibition of self".[226]

Zusammenfassend lässt sich festhalten, dass die Identifikation das Ausmaß beschreibt, inwieweit sich ein Individuum durch andere Bezugsobjekte selbst definiert.[227] Diese Definition des „Selbst" des Individuums steht in Zusammenhang mit der personalen Identität und nimmt Bezug auf das Selbstkonzept. Zur Erklärung der Wirkung der personalen Identifikation greift die vorliegende Arbeit ebenfalls auf die Erkenntnisse der Selbstkonzepttheorie zurück. Auf Basis der Selbstkonzepttheorie stellen *Kuenzel/Halliday* folgende Hypothese auf: je höher die Übereinstimmung der Markenpersönlichkeit mit dem Selbstkonzept ist, desto wahrscheinlicher hat der Konsument eine positive Einstellung gegenüber der Marke.[228] Ausgehend von dieser Hypothese und dem positiven kausalen Zusammenhang zwischen der Markenpersönlichkeit und der Identifikation mit der Marke, den *Kuenzel/Halliday* in ihrem Modell unterstellen, lässt sich auf die Beziehung zwischen Identifikation und Einstellung schließen. Weiteren empirischen Beleg für die Rolle der Identifikation im B2B-Bereich liefert die Studie von *Keh/Xie*, die den Einfluss der Identifikation mit dem Unternehmen auf die Kaufabsicht nachweisen.[229] Auf Basis der vorangehenden Argumentation lässt sich der folgende positive Zusammenhang formulieren:

H_3:	Je höher die personale Identifikation des Einkäufers mit dem Fashionlabel, desto positiver ist die Einstellung gegenüber dem Fashionlabel.

3.2.3 Kommunikationsmaßnahmen des Modeherstellers

Ein zentraler Einflussfaktor des organisationalen Beschaffungsverhaltens ist nach dem Modell von *Sheth* (1973) die Erwartung des Einkäufers. Wie in *Kapitel 2.2.3* dargestellt, beeinflussen diese Erwartungen u. a. die aktive Suche nach Informationsquellen, wie z. B. Werbung.[230] Werbung ist ein Instrument der Kommunikation im Marketing-Mix des Bekleidungsunter-

[225] Vgl. Nerdinger/Rosenstiehl (1999), S. 104 f.; Conner/Peters/Nagasawa (1975), S. 32 ff.
[226] Goldsmith/Moore/Beaudoin (1999), S. 8 f.
[227] Vgl. Hughes/Ahearne (2010), S. 83.
[228] Vgl. Kuenzel/Halliday (2010), S. 169.
[229] Vgl. Keh/Xie (2009), S. 738 ff.; da nach dem S-O-R-Paradigma die Kaufabsicht als Verhaltensreaktion über die Einstellung als intervenierende Variable resultiert, wird angenommen, dass die Identifikation über die Einstellung auf die Kaufabsicht wirkt (siehe auch Kapitel 2.3.1).
[230] Vgl. Sheth (1973), S. 51 ff.

nehmens.[231] Die Kommunikation hat das Ziel, das Kaufverhalten positiv zu beeinflussen und dient als Schlüsselfaktor zur Bildung des Markenimages[232] und der Markenbekanntheit.[233] Im Folgenden wird das Konstrukt der Kommunikation und deren Wirkung auf das Orderverhalten betrachtet.

Im Bereich des Modemarketing ist der Einsatz konkreter Kommunikationsinstrumente und deren Gestaltung davon abhängig, ob es sich um B2B-Kommunikation, wie z. B. handelsgerichtete Kommunikationsmaßnahmen, oder um B2C-Kommunikation, die auf den Endverbraucher ausgerichtet sind, handelt. Die Markenkommunikation hat die Aufgabe, aktuellen und potentiellen Kunden die Attraktivität des eigenen Modeangebots im Vergleich zu den am Markt dargebotenen Alternativen zu verdeutlichen.[234] Dabei gilt es, Prädispositionen von Einkäufern und Endkunden, die im Wesentlichen aus einem System von Einstellungen und Persönlichkeitsmerkmalen bestehen, wie Risikoneigung, persönliches Involvement und Informationsniveau,[235] zielgruppenspezifisch anzusprechen.[236] In diesem Zusammenhang spricht man auch von einem Push- und Pull-Effekt des Kommunikationsinstruments. Händler-Promotions sind auf die Erzielung eines Push-Effekts fokussiert, d. h. der Modehersteller richtet seine Kommunikationsmaßnahmen (hauptsächlich der persönliche Verkauf, z. B. über Modemessen[237] und Verkaufsförderungsaktionen) an den Handel, um sie zur Listung und Verkauf ihres Labels an den Endkunden zu bewegen.[238] Die Ansprache des Einkäufers ist von hoher Bedeutung, da der Handel als „Gate Keeper" darüber entscheidet, welche Modemarken geordert werden.[239] Die Pull-Strategie ist hingegen auf den Endkunden gerichtet, um die Markenbekanntheit zu erhöhen und die Endkunden zum Kauf des Labels zu bewegen.

Kommunikationsziele werden heute vielfach nichtmonetär erfasst.[240] *Hermanns/Thurm* unterscheiden dabei zwischen kognitiven, affektiven und konativen Kommunikationszielen.[241] Zu den kognitiven Zielen gehören z. B. die Erhöhung des Bekanntheitsgrades und Informations-

[231] Vgl. Nieschlag/Dichtl/Hörschgen (2002), S. 20.
[232] Vgl. Okonkwo (2007), S.144 ff.
[233] Vgl. Doyle (1989), S. 89.
[234] Vgl. Hermanns/Thurm (1999), S. 690.
[235] Vgl. Kroeber-Riel/Weinberg (2009), S. 253 ff.
[236] Vgl. Bruhn (1997), S. 248.
[237] Vgl. z.B. Fuchslocher (1991), S. 810 ff.
[238] Vgl. Kotler et al. (2011), S. 825.
[239] Vgl. Hermanns/Thurm (1999), S. 690.
[240] Vgl. Nieschlag/Dichtl/Hörschgen (2002), S. 1061.
[241] Vgl. Hermanns/Thurm (1999), S. 692.

verbesserung. Die Steigerung des Interesses an Modeangeboten und die positive Beeinflussung der Einstellung zählen zu den affektiven Kommunikationszielen. Die konative Komponente bezieht sich z. B. auf die Steigerung der Kaufabsicht und Wiederholungskäufe.

Zusammenfassend kann man davon ausgehen, dass sich die Kommunikation eines Modeherstellers zielgruppenspezifisch in B2B- und B2C-Kommunikationsmaßnahmen gliedert, die abgeleitet aus deren Zielsetzung, Einfluss auf die Einstellung und Kaufabsicht ausüben.

- **Einstellung gegenüber den B2B-Kommunikationsmaßnahmen**

Zur Begründung der kausalen Zusammenhänge erfolgt der Rückgriff auf Erkenntnisse und Theorien der Werbewirkungsforschung. Einen Erklärungsansatz bietet das in *Kapitel 2.3.3* vorgestellte Attitude toward the Ad-Modell, das sich mit der Wirkung von Werbung beschäftigt und einen konzeptionellen Rahmen zur Erklärung der Einstellung gegenüber Werbemaßnahmen bietet. *Lutz/MacKenzie/Belch* identifizieren verschiedene alternative Hypothesen zur Wirkung der Einstellung gegenüber der Werbung.[242] Die Affect-Transfer-Hypothese[243] unterstellt einen direkten kausalen Zusammenhang zwischen der Einstellung gegenüber der Werbung und der Einstellung gegenüber der Marke. Auch die Reciprocal-Mediation-Hypothese[244] unterstützt diesen Zusammenhang. Sie basiert auf der Balance-Theorie nach *Heider* (1946) und geht davon aus, dass Individuen bemüht sind, ein ausgeglichenes Verhältnis der Beziehungen zwischen den an der Einstellung beteiligten Elementen aufrecht zu erhalten. Hat ein Einkäufer eine positive (negative) Einstellung zu der Werbung, so wird er auch das beworbene Fashionlabel mögen (nicht mögen).

Das Attitute toward the Ad-Modell formuliert demzufolge einen positiven direkten kausalen Zusammenhang zwischen der Einstellung gegenüber der Werbemaßnahme (A_{ad}), d. h. Gefühle von Gefallen bzw. Missfallen, und der Einstellung gegenüber der Marke (A_b). Zahlreiche empirische Studien belegen diesen kausalen Zusammenhang; als Beispiel seien hier die Arbeiten von *MacKenzie/Lutz* (1989), *MacKenzie/Lutz/Belch* (1986), *Mitchell/Olsen* (1981) sowie *Shimp* (1981) genannt. Aufgrund dieser Erkenntnisse wird folgende Hypothese aufgestellt:

[242] Vgl. MacKenzie/Lutz/Belch (1986), S. 131 f.
[243] Vgl. MacKenzie/Lutz/Belch (1986), S. 131.
[244] Vgl. MacKenzie/Lutz/Belch (1986), S. 132.

H_4:	Je positiver die Einstellung gegenüber den B2B-Kommunikationsmaßnahmen, desto positiver ist die Einstellung gegenüber dem Fashionlabel.

- **Einstellung gegenüber den B2C-Kommunikationsmaßnahmen**

Eine erfolgreiche Pull-Strategie erhöht das Kaufinteresse der Endkunden nach dem beworbenen Produkt.[245] Dies stellt einen Vorteil für den Modehandel dar, geht man davon aus, dass durch Kommunikationsmaßnahmen des Herstellers, die an die Endkunden gerichtet sind, das Label bereits an Aufmerksamkeit, Bekanntheit und Konsumentenwissen über Produktvorteile gewonnen hat und sich das Label somit für den Reseller leichter, d. h. mit geringerem Überzeugungsaufwand, verkaufen lässt. Aus diesen Überlegungen lässt sich schließen, dass B2C-Kommunikationsmaßnahmen, von denen sich die Einkäufer ein erhöhtes Kaufinteresse ihrer Endkunden versprechen, die Einstellung des Einkäufers gegenüber dem beworbenen Fashionlabel positiv beeinflussen und den Einkäufer zum Ordern des Labels bewegen. Daher wird die Einstellung des Einkäufers gegenüber den B2C-Kommunikationsmaßnahmen in das Modell dieser Arbeit integriert.

Zusätzlich erfolgt analog zu den Aussagen bezüglich der Wirkung der Einstellung gegenüber den B2B-Kommunikatinsmaßnahmen auf die Einstellung gegenüber dem Fashionlabel, ein Rückgriff auf die Erkenntnisse des Attitude toward the Ad-Modells.[246] Demnach wirkt sich das Gefallen der B2C-Kommunikationsmaßnahmen positiv auf die Einstellung gegenüber dem Fashionlabel aus. Folgende Hypothese lässt sich daraus ableiten:

H_5:	Je positiver die Einstellung gegenüber den B2C-Kommunikationsmaßnahmen, desto positiver ist die Einstellung gegenüber dem Fashionlabel.

3.3 Ökonomische Einflussfaktoren auf das Orderverhalten

3.3.1 Die allgemeine Bedeutung der Zufriedenheit in B2B-Märkten

Nach der Konzeptualisierung der emotionalen Einflussfaktoren erfolgt in den folgenden Abschnitten die Herleitung der Wirkung der ökonomischen Einflussfaktoren auf das Orderverhalten. Als ökonomische Faktoren gelten jene Faktoren, die eine unmittelbare Wirkung auf

[245] Vgl. Kotler et al. (2011), S. 825.
[246] Siehe Kapitel 2.3.3.

den ökonomischen Erfolg des Unternehmens der Einkäufer besitzen. Ist beispielsweise die Qualität des georderten Produkts bzw. des Fashionlabels nicht zufrieden stellend oder wird das Fashionlabel nicht rechtzeitig geliefert, so hat dies negative Auswirkungen auf die Verkaufszahlen des Modehändlers und damit auf dessen Erfolg. Im Folgenden findet die Zufriedenheit des Einkäufers mit den Produkten, dem Vertriebspersonal, der Auftragsabwicklung und dem Service Eingang in das Untersuchungsmodell dieser Arbeit.

Die Zufriedenheit der Käufer mit einem bestimmten Kauf ist das Ergebnis eines komplexen Informationsverarbeitungsprozesses, dessen Mittelpunkt die aus einem Soll-Ist-Vergleich resultierende Bewertung der Kaufsituation darstellt.[247] Dabei dienen die Erwartungen (= Soll-Wert) des Kunden als Referenzpunkt zur Beurteilung der wahrgenommenen Gegebenheiten (= Ist-Wert). Stimmt der Ist-Wert mit dem Soll-Wert überein, so sind die Erwartungen der Kunden erfüllt. In diesem Falle spricht man von Konfirmation. Unzufriedenheit entsteht, wenn sich die Erwartungen nicht erfüllen (negative Diskonfirmation). Diesem Confirmation-Disconfirmation-Paradigma folgen zahlreiche Studien zur Erklärung der Kundenzufriedenheit.[248] Ob Zufriedenheit durch die exakte Erfüllung oder erst durch das Übertreffen der Erwartungen entsteht, ist in der Literatur nicht einheitlich definiert.

Allgemein hat eine Vielzahl von Studien das Konstrukt der Kundenzufriedenheit untersucht. Gründe für die gestiegene Bedeutung der Kundenzufriedenheit liegen bspw. in ihrer positiven Wirkung auf die Wiederkaufabsicht,[249] positive Mund-zu-Mund-Propaganda[250] und Kundenloyalität.[251] Darüber hinaus führen zufriedene Kunden zu einer stärkeren Marktposition des Unternehmens, die sich in einem erhöhten Marktanteil und Profit widerspiegelt.[252]

In den letzten Jahren haben sich Forscher vermehrt dem Einfluss der Zufriedenheit im B2B-Bereich gewidmet.[253] Wie erinnerlich sind charakteristische Merkmale der B2B-Märkte die enge Zusammenarbeit von Hersteller und Einkäufer, die langfristige Orientierung der Kundenbeziehung und die Komplexität der Kaufentscheidungen.[254] *Hakansson* beschreibt die

[247] Vgl. Nieschlag/Dichtl/Hörschgen (2011), S. 1172.
[248] Vgl. z. B. Molinari/Abratt/Dion (2008), S. 364 ff.; Bearden/Teel (1983), S. 22.
[249] Vgl. z. B. Molinari/Abratt/Dion (2008), S. 368; Patterson et al. (1997); Anderson/Sullivan (1993).
[250] Vgl. z. B. Nyer (1997); Gotlieb/Grewal/Brown (1994); Frenzen/Nakamoto (1993).
[251] Vgl. z. B. Chandrashekaran et. al (2007); Mittal/Kamakura (2001); Fornell et. al (1996).
[252] Vgl. Anderson/Mittal (2000), S. 107 ff.; Anderson/Fornell/Rust (1997), S. 129 ff.
[253] Vgl. z. B. Haverila/Naumann (2010); Naumann/Williams/Khan (2009); Molinari/Abratt/Dion (2008).
[254] Vgl. Kotler et al. (2011), S. 323; Webster/Keller (2004), S. 393.

Geschäftsbeziehung zwischen Einkäufer und Reseller als „(...) frequently long term, close and involving a complex pattern of interaction between and within each company. The marketers' and buyers' task in this case may have more to do with maintaining these relationships than with making a straightforward sale or purchase".[255] Kundenzufriedenheit im B2B-Kontext gilt demzufolge als wichtige Erfolgsgröße, welche den Aufbau erfolgreicher langfristiger Kundenbeziehungen unterstützt.[256] In dem Modell nach *Sheth* (1973) beeinflusst die Zufriedenheit den organisationalen Kaufprozess dergestalt, dass die Zufriedenheit mit den bereits gesammelten Erfahrungen mit einer Marke oder einem Anbieter die Erwartungen der Einkäufer bilden.[257]

Das Konstrukt der Zufriedenheit kann eindimensional oder mehrdimensional konzeptionalisiert werden. Vor dem Hintergrund der Komplexität im B2B-Sektor erscheint es sinnvoll, unterschiedliche Dimensionen der Zufriedenheit zu erfassen. Die Komplexität der Kaufentscheidungen zeigt sich u. a. in der Einteilung des Entscheidungsprozesses in zeitlich differenzierte Kaufphasen. *Robinson/Faris/Wind* unterscheiden dabei die Phasen der Problemerkennung, Beschreibung des Bedarfs, Festlegung der Produkteigenschaften, Suche nach Lieferanten, Einholung von Angeboten, Auswahl und Festlegung der Lieferanten, Festlegung des Bestellverfahrens und Überprüfung von Qualität und Leistungsfähigkeit der Lieferanten.[258] Beispielsweise untersuchen *Homburg/Rudolph* in ihrer Studie zur Kundenzufriedenheit in Industriegütermärkten den Einfluss der Zufriedenheit mit den Produkten, dem Außendienst, den Produktinformationen, der Auftragsabwicklung, dem technischen Service, dem Vertriebsinnendienst und dem Beschwerdemanagement auf die allgemeine Kundenzufriedenheit („Overall Customer Satisfaction").[259] Auch in dem Modell dieser Arbeit wird in Anlehnung an *Homburg/Rudolph* und in Bezug auf die unterschiedlichen Phasen des B2B-Kaufprozesses die Zufriedenheit als mehrdimensionales Konstrukt konzeptionalisiert. Dabei lässt sich zwischen der Zufriedenheit mit den Produkten, der Zufriedenheit mit dem Vertriebspersonal, der Zufriedenheit mit der Auftragsabwicklung und der Zufriedenheit mit dem Service unterschieden.

---

[255] Hakansson (1982), S. 14.
[256] Vgl. Homburg/Rudolph (2001), S. 16.; Ahlert/Markmann (1999), S. 926 f.
[257] Vgl. Sheth (1973), S. 53.
[258] Vgl. Kotler et al. (2011), S. 344 ff.; Foscht/Swoboda (2007), S. 275; Robinson/Faris/Wind (1967), S. 13 ff.
[259] Vgl. Homburg/Rudolph (2001), S. 17 ff.

3.3.2 Relevante Zufriedenheitskonstrukte und ihre Wirkung auf das Orderverhalten

Die kausale Beziehung zwischen Zufriedenheit, Einstellung und Verhaltensabsicht bestätigt die Studie von *Oliver* empirisch.[260] Dabei greift der Autor auf das Modell von *Howard/Sheth* zurück, welches die Einstellung nach dem Kauf („revised postpurchase attitude") als Funktion der Einstellung vor dem Kauf („prepurchase attitude") und unmittelbare Zufriedenheit nach dem Kauf („immediate postpurchase satisfaction") darstellt.[261] Dieses Modell wurde von *Howard* (1974) durch die Integration der Kaufabsicht erweitert.[262] Er belegt, dass die Zufriedenheit sowohl die Einstellung als auch die Wiederkaufabsicht („future purchase intention") beeinflusst. Aufgrund dieser Überlegungen wird auch in dem Kontext dieser Arbeit ein positiver kausaler Zusammenhang zwischen den unterschiedlichen Dimensionen der Zufriedenheit und der Einstellung angenommen. Die einzelnen Zufriedenheitskonstrukte erfahren nachfolgend eine Erläuterung.

- **Zufriedenheit mit den Produkten**

Das zu ordernde Produkt stellt den Kern des organisationalen Beschaffungsverhaltens dar. Nach *Mudambi* gehört das Produkt neben dem Service und der Markenpolitik des Herstellers zu den relevanten Attributen, nach denen die Einkäufer ihre Entscheidung fällen.[263] Zu den Produktattributen gehören die physikalischen Produkteigenschaften. Steht eine neue Kaufentscheidung an, so ist nach dem Confirmation-Disconfirmation-Paradigma anzunehmen, dass der Einkäufer seine Erwartungen bzgl. der unterschiedlichen Produkteigenschaften des Modelabels, wie bspw. Qualität und Funktionalität,[264] mit den Erfahrungen aus den letzten Käufen abgleicht. Werden die Erwartungen erfüllt oder übertroffen, so ist er mit dem Label zufrieden. *Hakansson* bescheinigt den Produkteigenschaften einen signifikanten Einfluss auf die Geschäftsbeziehung: „The exchange of product or service is often the core of the exchange. As a result, the characteristics of the product or service involved are likely to have a significant effect on the relationship as a whole."[265] Vor diesem Hintergrund findet das Konstrukt der Zufriedenheit mit dem Produkt auch Eingang in das Modell der vorliegenden Arbeit, die entsprechende Hypothese lautet:

[260] Vgl. Oliver (1980), S. 461 ff.
[261] Vgl. Howard/Sheth (1969), S. 147.
[262] Vgl. Howard (1974).
[263] Vgl. Mudambi (2002), S. 528.
[264] Vgl. Fionda/Moore (2009), S. 351 ff.
[265] Hakansson (1982), S. 16.

H_6:	Je höher die Zufriedenheit mit den Produkten, desto positiver ist die Einstellung gegenüber dem Fashionlabel.

- **Zufriedenheit mit dem Vertriebspersonal**

Ein weiterer Bereich mit dem ein Einkäufer zufrieden oder unzufrieden sein kann, ist der Kontakt zu dem Vertriebspersonal: „(...) a buyer's evaluation of an industrial product will include not only consideration of the functional benefits of a product, but also an assessment of the people in terms of their skills, attitudes, behavior, modes of communication, and speed of response".[266] Wie bereits erwähnt, sind B2B-Geschäftsbeziehungen sehr eng und langfristig orientiert und die Hersteller sind in besonderem Maße bemüht, gezielt auf die Wünsche ihrer Kunden einzugehen. Daher entwickeln sie das Produkt häufig in enger Zusammenarbeit mit den Kunden.[267] Gerade im B2B-Modebereich ergeben sich zahlreiche Kontaktpunkte zwischen dem Einkäufer und dem Vertriebspersonal des Modeherstellers. Als Beispiele können der direkte persönliche Kontakt auf Messen[268] und Fashionshows[269] sowie der telefonische und schriftliche Kontakt genannt werden.

Ein weiteres Merkmal der B2B-Märkte ist die Professionalität der Einkäufer. Gut ausgebildetes und geschultes Vertriebspersonal stellt daher einen wichtigen Erfolgsfaktor des verkaufenden Unternehmens dar, um mit den geschulten Einkäufern erfolgreich verhandeln zu können. *Ahlert/Schröder* zählen die persönliche Beziehung des Resellers mit seinen Lieferanten im Rahmen einer engen vertikalen Kooperation zu den einflussreichsten Erfolgspotenzialen des Bekleidungseinzelhandels.[270]

Laut *Traynor/Traynor* gehört der Direktverkauf durch den Vertreter neben dem Produkt-Image zu den einflussreichsten Marketing-Instrumenten eines B2B-Unternehmens.[271] Demnach besitzt der Kontakt zum Vertriebspersonal eine hohe Relevanz zur Präferenzbildung des Einkäufers und findet durch das Konstrukt Zufriedenheit mit dem Vertriebspersonal in dieser Arbeit Beachtung. Hypothese 7 formuliert einen entsprechenden Kausalzusammenhang:

---

[266] Brown/Bellenger/Johnston (2007), S. 220.
[267] Vgl. Homburg/Rudolph (2001), S. 16.
[268] Vgl. Traynor/Traynor (2004), S. 460.
[269] Vgl. Fionda/Moore (2009), S. 356.
[270] Vgl. Ahlert/Schröder (2001), S. 37.
[271] Vgl. Traynor/Traynor (2004), S. 459.

H_7:	Je höher die Zufriedenheit mit dem Vertriebspersonal, desto positiver ist die Einstellung gegenüber dem Fashionlabel.

- **Zufriedenheit mit der Auftragsabwicklung**

Als eine weitere Dimension der Zufriedenheit findet die Auftragsabwicklung in das vorliegende Modell Eingang. Hat sich der Einkäufer für ein Label entschieden und das Label geordert, so kommt es zu dem Prozess der Auftragsabwicklung, der sich in zahlreiche Subprozesse untergliedern lässt. *Shapiro* et al. haben zehn Schritte des „Order Management Cycle" identifiziert, dazu zählen u. a. die Orderplanung, die Erstellung des Auftrags, der Erhalt des Auftrags, die Auftragsbestätigung, die Planung des Lieferzeitpunkts und letztlich die Lieferung des georderten Produkts.[272] Einkäufer achten dabei auf eine schnelle, akkurate und kosteneffiziente Auftragsabwicklung.[273] Im Industriegüterbereich ist die Schnelligkeit der Auftragsabwicklung von besonderer Relevanz für die Wirtschaftlichkeit der Unternehmen, da die Produktion von der Lieferung weiterzuverarbeitender Güter abhängig ist und nicht eingehaltene Liefertermine im schlimmsten Fall zu kostenintensiven Produktionsausfällen führen.[274]

Auch im Modemarketing ist die Abhängigkeit von Hersteller und Reseller charakteristisch, was die textile Kette verdeutlicht.[275] Demnach ist der Modehändler auf eine schnelle Lieferung der Bekleidungsmode angewiesen, um flexibel auf neue Trends in der Mode reagieren zu können und seine Kunden ein attraktives, aktuelles Sortiment bieten zu können.[276] Diese Erläuterungen deuten darauf hin, dass Einkäufer positiver gegenüber Fashionlabels eingestellt sind, die eine gute Auftragsabwicklung anbieten. Folgende Hypothese lässt sich daraus ableiten:

H_8:	Je höher die Zufriedenheit mit der Auftragsabwicklung, desto positiver ist die Einstellung gegenüber dem Fashionlabel.

[272] Vgl. Shapiro/Rangan/Sviokla (1992), S. 164 ff.
[273] Vgl. Shapiro/Rangan/Sviokla (1992), S. 164.
[274] Vgl. Smith/Halliday/Hall (1985), S. 867 ff.
[275] Siehe Kapitel 2.2.1.
[276] Vgl. Ahlert/Schröder (2001), S. 37 f.

- **Zufriedenheit mit dem Service**

Der Service ist ein weiterer wichtiger Bereich, der die Zufriedenheit des Einkäufers beeinflusst. Nach *Traynor/Traynor* zählt er zu den einflussreichsten Marketinginstrumenten.[277] Im Industriegüterbereich, der durch eine hohe technische Komplexität gekennzeichnet ist, versteht man unter Service hauptsächlich den technischen Service in Form von Installationen, Wartungen und Reparaturen.[278] Im Kontext dieser Arbeit bezieht sich der Service auf die Problemlösungskompetenz des Herstellers, welche sich in dem Umgang mit Anfragen bzw. Beschwerden manifestiert. Beschwerden stellen wichtige Informationen für das Unternehmen dar und sie können zur Entwicklung und Verbesserung des Produkts eingesetzt werden.[279] Die Mehrzahl der unzufriedenen Kunden beschwert sich nicht, und falls sie sich beschweren, dann handelt es sich meist um ein schwerwiegendes Problem.[280] Demnach sollte das Unternehmen bemüht sein, adäquat und schnell auf Beschwerden zu reagieren, um die Zufriedenheit seiner Kunden positiv zu beeinflussen.[281] *Shemwell/Yavas/Bilgin* konnten einen positiven kausalen Zusammenhang zwischen der Service-Qualität und der Zufriedenheit der Kunden nachweisen.[282] Auch in der vorliegenden Arbeit erfolgt eine Integration der Zufriedenheit mit dem Service in das Modell zur Erklärung des Orderverhaltens. Hypothese 9 formuliert die kausale Wirkung der Zufriedenheit mit dem Service auf die Einstellung gegenüber dem Fashionlabel:

H_9:	Je höher die Zufriedenheit mit dem Service, desto positiver ist die Einstellung gegenüber dem Fashionlabel.

3.4 Die Wiederkaufabsicht als Verhaltensintention

Ziel des Modemarketing ist die Sicherung der langfristigen Überlebensfähigkeit des Modeunternehmens. Dabei gilt es im Sinne der marktorientierten Unternehmensführung die Bedürfnisse und Wünsche der Kunden bestmöglich zu befriedigen, um den Unternehmenserfolg in Form von ökonomischen und psychografischen Zielen positiv zu beeinflussen.[283] Diese Studie befasst sich daher mit den Kaufmotiven der Einkäufer, die als Einflussfaktoren des Orderverhaltens Beachtung finden. Die Identifikation der Erfolgsfaktoren des Orderverhaltens bie-

[277] Vgl. Traynor/Traynor (2004), S. 459.
[278] Vgl. Jackson/Neidell/Lunsford (1995), S. 101.
[279] Vgl. Söderlund (1998), S. 174.
[280] Vgl. Andreasen/Best (1977), S. 96 ff.
[281] Vgl. Barksdale/Powell/Hargrove (1984), S. 93.
[282] Vgl. Shemwell/Yavas/Bilgin (1998), S. 162.
[283] Siehe Kapitel 2.1.2.

tet dem Modeunternehmen im Sinne des S-O-R-Paradigmas[284] die Möglichkeit, die Einkäufer auf ihr Label aufmerksam zu machen (S) und die Einstellung (O) sowie die Präferenz für das Label (R) positiv zu beeinflussen. In dieser Studie repräsentieren die Einstellung gegenüber dem Label und die Kaufabsicht im Sinne der psychografischen Modemarketingziele[285] Schlüssel- bzw. Zielkonstrukte, welche direkt oder indirekt von den zuvor klassifizierten Determinanten beeinflusst werden.

Die Konzeptualisierung der Verhaltensabsicht als eigenständiges Konstrukt begegnet dem Dilemma der EV-Hypothese, die besagt, dass eine positive Einstellung nicht zwingend ein Indiz für das tatsächliche Kaufverhalten ist.[286] Eine weit verbreitete Theorie zur Erklärung des kausalen Zusammenhangs zwischen Einstellung, Verhaltensintention und tatsächlichem Verhalten ist die in *Kapitel 2.3.2* vorgestellte Theorie des geplanten Verhaltens. Nach dieser Theorie ist das tatsächliche Verhalten umso wahrscheinlicher, je höher die Verhaltensintention ist.[287] In der vorliegenden Studie wird das Orderverhalten mit Hilfe einer schriftlichen Befragung analysiert, die auf der Vorstellung einer fiktiven Orderentscheidung aufbaut. Eine Beobachtung des tatsächlichen Verhaltens ist auf diese Weise nicht möglich, lediglich eine Einschätzung der Verhaltensabsicht, die nach der Theorie des geplanten Verhaltens als verlässlicher Indikator für das tatsächliche Verhalten dient. Als Orderverhalten kommt der Wiederkauf bzw. Nicht-Kauf in Betracht.

Infolge dessen stellt in der vorliegenden Arbeit die Wiederkaufabsicht bezüglich des Fashionlabels die Verhaltensabsicht dar und gibt an, für wie wahrscheinlich der Einkäufer den wiederholten Erwerb des Fashionlabels hält. Die Theorie des geplanten Verhaltens nach *Fazio* formuliert einen positiven direkten kausalen Zusammenhang zwischen der Einstellung gegenüber einem Objekt und der Verhaltensabsicht.[288] Demzufolge beeinflussen vorteilhafte, im Zusammenhang mit der Verhaltensintention stehende Einstellungen gegenüber den Fashionlabels die Wiederkaufabsicht positiv.

[284] Siehe Kapitel 2.3.1.
[285] Siehe Kapitel 2.1.2.
[286] Siehe Kapitel 2.3.2.
[287] Vgl. Fishbein/Ajzen (1975), S. 288.
[288] Vgl. Fazio (1990), S. 75 ff.

Aus diesen Überlegungen ergibt sich ein positiver kausaler Zusammenhang zwischen der Einstellung gegenüber dem Fashionlabel und der Wiederkaufabsicht für dieses Label:

H_{10}: Je positiver die Einstellung gegenüber dem Fashionlabel, desto höher ist die Wiederkaufabsicht für das Fashionlabel.

3.5 Moderierende Variablen

Nach der Konzeptualisierung potentieller Erfolgsfaktoren, welche direkte kausale Wirkungszusammenhänge innerhalb des Modells darstellen, geht es im Folgenden um den Effekt moderierender Variablen. Diese Moderatoren weisen im Allgemeinen einen Einfluss auf die Richtung oder Stärke des Zusammenhangs zwischen den in den vorherigen Abschnitten beschriebenen Gestaltungsvariablen des Orderverhaltens auf.[289] Je nachdem, ob der Moderator die Verbindung zwischen einer unabhängigen und einer abhängigen Variable verstärkt oder abschwächt, kann der moderierende Effekt positiv oder negativ sein.[290]

In die vorliegende Arbeit gehen moderierende Einflüsse von den Variablen Beziehungsqualität, Länge der Geschäftsbeziehung und Kaufhäufigkeit ein, die Gegenstand des nachfolgenden Abschnitts sind. *Abbildung* 7 stellt den Effekt der Moderatoren schematisch dar:

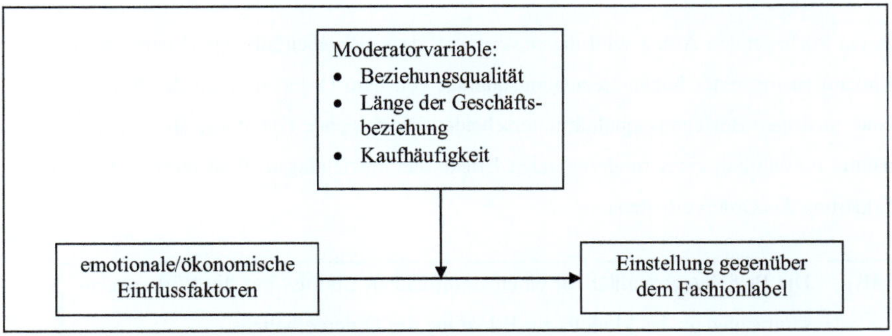

Abbildung 7: Schematische Darstellung der Moderatoreneffekte

[289] Vgl. Huber et al. (2007), S. 48.
[290] Vgl. Eggert/Fassot/Helm (2005), S. 104.

- **Beziehungsqualität**

Das vielfach in den Arbeiten von *Fournier* untersuchte Konstrukt Beziehungsqualität beschreibt eine lebendige Beziehung zwischen Marke und Konsument, ähnlich einer menschlichen Beziehung.[291] Sie dient als Indikator, ob und inwiefern die Marke als ein zufrieden stellender Partner in gewissen Lebenssituationen beurteilt wird.[292] Sie beschreibt sowohl eine vergangenheitsorientierte als auch eine zukunftsorientierte Beurteilung der Kundenwahrnehmung. Die Zukunftsorientierung bezieht sich z. B. auf die Einschätzung des Einkäufers, wie die Beziehung zu dem Fashionlabel in der Zukunft verläuft und äußerst sich in seinem Vertrauen.[293] Die Untersuchung von *Bolton/Lemon/Verhoef* bestätigt, dass Einkäufer, die mit der Geschäftsbeziehung zufrieden sind (hier: hohe Beziehungsqualität), eine höhere Kaufabsicht haben als Einkäufer, die weniger zufrieden mit der Geschäftsbeziehung sind.[294]

Im Rahmen des Relationship-Marketing lässt sich die Beziehungsqualität daher zur Pflege bzw. Aufbau von Kunden-Marken-Beziehungen einsetzen.[295] Dabei ergeben sich je nach Ausprägung der Beziehungsqualität (bspw. niedrige oder hohe Beziehungsqualität) Unterschiede in der Einstellung und der Treue des Individuums zur Marke.[296] *Georgi* konnte in seiner Studie, welche ebenfalls auf den B2B-Bereich bezogen ist, nachweisen, dass die Beziehungsqualität eine moderierende Rolle einnimmt indem sie die Erwartungshaltung der Einkäufer beeinflusst.[297]

In der vorliegenden Arbeit wird daher vermutet, dass sich ebenfalls das Orderverhalten von Einkäufern mit einer hohen Beziehungsqualität von dem Orderverhalten der Einkäufer mit einer niedrigen Beziehungsqualität unterscheidet. Die folgende Hypothese H_{11} erfasst die Annahme hinsichtlich eines moderierenden Effekts der Beziehungsqualität auf das Modell zur Erklärung des Orderverhaltens:

H_{11}:	Die Beziehungsqualität hat einen signifikanten Einfluss auf die Wirkungszusammenhänge des Modells zur Erklärung des Orderverhaltens.

[291] Vgl. Fournier (1998), S. 343 ff.; Fournier (1994); S. 1 ff.
[292] Vgl. DeWulf/Odekerken-Schroeder/Iacobucci (2001), S. 36 ff.
[293] Vgl. Georgi (2001), S. 98.
[294] Vgl. Bolton/Lemon/Verhoef (2008), S. 56 ff.
[295] Vgl. Bruhn (2001), S. 8 ff.; Fournier (1998), S. 344.
[296] Vgl. Webster/Keller (2004), S. 396; Kressmann et al. (2003), S. 402 f.
[297] Vgl. Georgi (2001), S. 108.

- **Länge der Geschäftsbeziehung**

Ein weiterer moderierender Einfluss ist von der Länge der Beziehung zu erwarten, die ein Einkäufer zu dem Fashionlabel hat. Einkäufer mit einer langen Geschäftsbeziehung haben ein gewachsenes höheres Vertrauen in das Label und sind darauf aufbauend loyaler gegenüber dem Fashionlabel eingestellt.[298] Die Literatur unterstellt dabei einen Link zwischen dem Vertrauen und der Loyalität, indem das Vertrauen als eine vorgeschaltete Größe auf die Loyalität wirkt.[299] *Ganesan* bestätigt in seiner Studie, dass die Länge der Geschäftsbeziehung einen positiven Einfluss auf die Loyalität der Kunden hat.[300]

Des Weiteren ist davon auszugehen, dass Kunden mit einer intensiven bzw. langen Geschäftsbeziehung eher dazu neigen, die Marke weiterzuempfehlen, als Kunden mit einer weniger intensiven Geschäftsbeziehung.[301] *Stock/Hoyer* bestätigen zudem einen Einfluss der Länge der Geschäftsbeziehung auf die Zufriedenheit der Einkäufer.[302] Einen moderierenden Einfluss der Länge der Geschäftsbeziehung auf die Zufriedenheit und Loyalität im B2B-Bereich weisen auch *Homburg/Giering/Menon* nach.[303] Basierend auf den Erkenntnissen der oben diskutierten Sachverhalte wird ein moderierender Effekt der Länge der Geschäftsbeziehung postuliert. Eine entsprechende Hypothese lautet:

H_{12}:	Die Länge der Geschäftsbeziehung hat einen signifikanten Einfluss auf die Wirkungszusammenhänge des Modells zur Erklärung des Orderverhaltens.

- **Kaufhäufigkeit**

Als ein weiterer Moderator geht die Kaufhäufigkeit in das Untersuchungsmodell der vorliegenden Arbeit ein. Nach *Backhaus* beschreibt die Kaufhäufigkeit den Wiederholungsgrad einer Beschaffung und nimmt damit Bezug zu den drei Kaufklassen nach *Robinson/Faris/Wind.*[304] Wie erinnerlich ist der Neukauf bzw. der erstmalige Kauf für den Kunden mit einem erhöhten Risiko verbunden, da er bisher noch keine Erfahrungen mit dem Produkt

[298] Vgl. Esch/Langner (2003), S. 410 ff.; Fournier/Yao (1997), S. 453 ff.
[299] Vgl. Reichheld/Schefter (2000), S. 107.
[300] Vgl. Ganesan (1994), S. 9 ff.
[301] Vgl. Wangenheim (2003), S. 45 ff; Frenzen/Nakomoto (1993), S. 363 ff.
[302] Vgl. Stock/Hoyer (2005), S. 547.
[303] Vgl. Homburg/Giering/Menon (2003), S. 35.
[304] Siehe Kapitel 2.2.3; vgl. auch Robinson/Faris/Wind (1967), S. 14.

gemacht hat. Daher wird er bemüht sein, möglichst viele Informationen über das Produkt oder den Anbieter zu sammeln, bevor er seine Kaufentscheidung fällt.

Im Gegensatz dazu ist der modifizierte und identische Wiederkauf durch eine geringere Komplexität, einen verringerten Informationsbedarf und eine verkürzte Entscheidungsfindung gekennzeichnet.[305] Diese Erkenntnisse deuten bereits auf ein unterschiedliches Verhalten der Einkäufer in Abhängigkeit der Kaufhäufigkeit hin. Bestätigung findet diese Annahme durch die Studie von *Wilson/Lilien/Wilson*, die den Einfluss der Kaufhäufigkeit in Form von Neukauf und Wiederkauf auf den organisationalen Kaufentscheidungsprozess nachweisen.[306] Demnach ist auch in der vorliegenden Arbeit davon auszugehen, dass die Kaufhäufigkeit Unterschiede in den Wirkungszusammenhängen des Modells zur Erklärung des Orderverhaltens bewirkt. Folgende Hypothese lässt sich daraus ableiten:

H_{13}: Die Kaufhäufigkeit hat einen signifikanten Einfluss auf die Wirkungszusammenhänge des Modells zur Erklärung des Orderverhaltens.

3.6 Hypothesensystem und Strukturmodell im Überblick

Als Abschluss der Hypothesenherleitung im Rahmen der Konzeptualisierung des Modells zur Erfassung der Wirkung potentieller Einflussfaktoren des Orderverhaltens erfolgt in diesem Abschnitt eine Zusammenfassung der Hypothesen. *Tabelle 1* zeigt einen zusammenfassenden Überblick aller aufgestellten Hypothesen. Diese Hypothesen erfahren im anschließenden vierten Kapitel eine empirische Überprüfung auf Basis einer Befragung von Einkäufern im Modefacheinzelhandel.

Auf Basis der vorausgehenden theoretischen Überlegungen bezüglich der Einflussfaktoren des Orderverhaltens entsteht ein Beziehungsgeflecht der verschiedenen Konstrukte. Dieses lässt sich als Modell graphisch veranschaulichen, um einen Überblick über die vermuteten Kausalzusammenhängen zu geben und gilt als Grundlage für die in *Kapitel 4* folgende empirische Untersuchung. *Abbildung 8* liefert die Darstellung des Kausalmodells.

[305] Vgl. Backhaus/Voeth (2010), S. 76 f.
[306] Vgl. Wilson/Lilien/Wilson (1991), S. 463.

Hypothese	Angenommener Zusammenhang
H_1	Je höher der empfundene Fit zwischen dem Fashionlabel und dem Modehändler, desto positiver ist die Einstellung gegenüber dem Fashionlabel.
H_2	Je höher der empfundene Fit zwischen dem Fashionlabel und dem Endkunden, desto positiver ist die Einstellung gegenüber dem Fashionlabel.
H_3	Je höher die personale Identifikation des Einkäufers mit dem Fashionlabel, desto positiver ist die Einstellung gegenüber dem Fashionlabel.
H_4	Je positiver die Einstellung gegenüber den B2B-Kommunikationsmaßnahmen, desto positiver ist die Einstellung gegenüber dem Fashionlabel.
H_5	Je positiver die Einstellung gegenüber den B2C-Kommunikationsmaßnahmen, desto positiver ist die Einstellung gegenüber dem Fashionlabel.
H_6	Je höher die Zufriedenheit mit den Produkten, desto positiver ist die Einstellung gegenüber dem Fashionlabel.
H_7	Je höher die Zufriedenheit mit dem Vertriebspersonal, desto positiver ist die Einstellung gegenüber dem Fashionlabel.
H_8	Je höher die Zufriedenheit mit der Auftragsabwicklung, desto positiver ist die Einstellung gegenüber dem Fashionlabel.
H_9	Je höher die Zufriedenheit mit dem Service, desto positiver ist die Einstellung gegenüber dem Fashionlabel.
H_{10}	Je positiver die Einstellung gegenüber dem Fashionlabel, desto höher ist die Wiederkaufabsicht für das Fashionlabel.
H_{11}	Die Beziehungsqualität hat einen signifikanten Einfluss auf die Wirkungszusammenhänge des Modells zur Erklärung des Orderverhaltens.
H_{12}	Die Länge der Geschäftsbeziehung hat einen signifikanten Einfluss auf die Wirkungszusammenhänge des Modells zur Erklärung des Orderverhaltens.
H_{13}	Die Kaufhäufigkeit hat einen signifikanten Einfluss auf die Wirkungszusammenhänge des Modells zur Erklärung des Orderverhaltens.

Tabelle 1: Hypothesen im Überblick

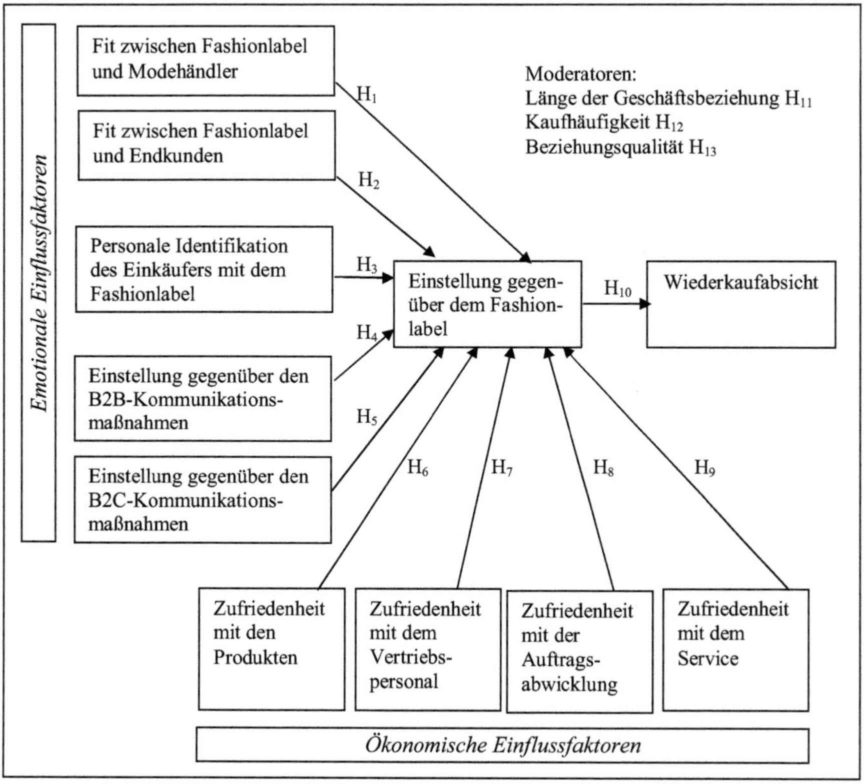

Abbildung 8: Kausalmodell

4 Empirische Überprüfung des Modells zur Erklärung des Mode-Orderverhaltens

4.1 Auswahl einer geeigneten Forschungsmethode

4.1.1 Vergleich möglicher Forschungsmethoden

Um die Frage nach der Gültigkeit der in *Kapitel 3* aufgestellten Forschungshypothesen zur Erklärung des Orderverhaltens beantworten zu können, gilt es, das Modell empirisch zu überprüfen. Das Untersuchungsmodell setzt sich aus latenten Konstrukten zusammen, deren Besonderheit darin liegt, dass sie nicht direkt beobachtbare Variablen darstellen, die sich einer direkten Messung entziehen. Um die Zusammenhänge zwischen diesen Variablen abbilden zu können, bedarf es zunächst der Operationalisierung mittels eines geeigneten Messmodells.[307] Dabei erhalten die nicht direkt beobachtbaren Größen einen empirischen Bezug, indem ihnen in der Regel mehrere beobachtbare Indikatoren zugeordnet werden.[308] Laut *Kroeber-Riel/Weinberg* repräsentieren die Indikatorvariablen „unmittelbar messbare Sachverhalte, welche das Vorliegen der gemeinten, aber nicht direkt erfassbaren Phänomene (…) anzeigen“.[309]

Somit bedarf es vor der eigentlichen Überprüfung der modellierten Hypothesen der Auswahl eines geeigneten mathematischen Verfahrens. *Ohlwein* liefert hierfür einen Kriterienkatalog, der vier Punkte umfasst, die das ausgewählte Analyseverfahren zu erfüllen hat.[310] Demnach sollte das Verfahren als Grundvoraussetzung kausale Relationen zwischen den hypothetischen bzw. latenten Konstrukten berücksichtigen (Kriterium 1).[311] Da im vorliegenden Modell nicht direkt beobachtbare Konstrukte vorliegen, die mithilfe von Indikatoren messbar gemacht werden, ergibt sich die Notwendigkeit der expliziten Berücksichtigung von Messfehlern, um Verzerrungen der Schätzergebnisse vorzubeugen (Kriterium 2).[312] Zudem sollte das Verfahren in der Lage sein, Relationen zwischen Größen, welche zur Erklärung des im Zentrum stehenden Konstrukts beitragen, zu schätzen (Kriterium 3).[313] Zur Erklärung des Orderverhaltens ergab sich eine relativ große Anzahl von Hypothesen. Daher sollte das Verfahren eine simul-

[307] Vgl. Anderson/Gerbing (1982), S. 453.
[308] Vgl. Homburg (1992), S. 499 f.
[309] Kroeber-Riel/Weinberg (2009), S. 35 f.
[310] Vgl. Ohlwein (1999), S. 220.
[311] Vgl. Ohlwein (1999), S. 219.
[312] Vgl. Gujarati (2003), S. 526.
[313] Vgl. Ohlwein (1999), S. 219.

tane Schätzung all dieser aufgestellten Hypothesen ermöglichen[314] (Kriterium 4), was zu einer erhöhten Effizienz der Parameterbestimmung beiträgt.[315]

Das Analyseverfahren sollte, zusätzlich zu den Kriterien nach *Ohlwein* zur Auswahl eines adäquaten Schätzverfahrens, sowohl eine formative als auch eine reflektive Operationalisierung ermöglichen. Diese Forderung ergibt sich aus der Tatsache, dass sich in Abhängigkeit eines formativen oder reflektiven Messmodells Unterschiede in der Richtung der Kausalität zwischen den nicht beobachtbaren Variablen und ihren Indikatoren ergeben.[316] Bei einer formativen Operationalisierung verursachen die beobachtbaren Indikatoren das latente Konstrukt, so dass eine Veränderung eines Indikators auch zu einer Veränderung einer latenten Variable führt.[317] Von einer reflektiven Operationalisierung spricht man hingegen, wenn die Kausalität von dem Konstrukt zu den Indikatoren verläuft, die latente Variable also die ihr zugeordneten Indikatoren verursacht. Eine Veränderung des Wertes der latenten Variablen führt zu einer Veränderung des Wertes all ihrer zugeordneten Indikatoren.[318] Je nachdem, ob es sich also um eine reflektive oder formative Operationalisierung handelt, ist die Kausalität zwischen Indikator und latenter Variable verschieden,[319] dies sollte das ausgewählte Analyseverfahren berücksichtigen können (Kriterium 5).

Prinzipiell lassen sich Ursache-Wirkungszusammenhänge, die in dieser Studie untersucht werden sollen, durch regressionsanalytische Methoden überprüfen. Die klassische Regressionsanalyse vermag jedoch die geforderten Kriterien nicht hinreichend zu erfüllen und kommt deshalb in dieser Arbeit nicht zur Anwendung.[320] Eine geeignete Alternative stellt der kausalanalytische Ansatz dar, der Elemente von Regressions- und Faktorenanalyse verbindet und somit dem Kriterium der Evaluierung von kausalen Relationen zwischen latenten Variablen gerecht wird (Kriterium 1). Zudem bezieht die Kausalanalyse Messfehler explizit mit ein (Kriterium 2),[321] ist in der Lage, Beziehungen zwischen den Einflussgrößen des im Zentrum stehenden Konstrukts zu schätzen (Kriterium 3)[322] und ermöglicht eine simultane Schätzung

[314] Vgl. Ohlwein (1999), S. 219.
[315] Vgl. Schulze (2000), S. 611.
[316] Vgl. Huber et al. (2005), S. 20.
[317] Vgl. MacCallum/Browne (1993), S. 533.
[318] Vgl. Huber et al. (2005), S. 19 f.
[319] Vgl. Jarvis/MacKenzie/Podsakoff (2003), S. 203.
[320] Vgl. Homburg (1992), S. 499 ff.
[321] Vgl. Homburg/Dobratz (1998), S. 450.
[322] Vgl. Jöreskog (1982), S. 82.

aller Hypothesen (Kriterium 4).[323] Auch die Forderung nach der Ermöglichung einer sowohl reflektiven als auch formativen Operationalisierung erfüllt der kausalanalytische Ansatz (Kriterium 5). Da die Kausalanalyse alle zuvor aufgestellten Kriterien erfüllt, kommt sie auch in der vorliegenden Arbeit zum Einsatz.

Zur Hypothesenüberprüfung finden sogenannte Strukturgleichungsmodelle Anwendung, die die aufgrund theoretischer Überlegungen aufgestellten Relationen zwischen hypothetischen Konstrukten abbilden.[324] Als Schätzverfahren kommen sowohl kovarianzbasierte Verfahren, wie z. B. LISREL, als auch varianzbasierte Verfahren, wie z. B. PLS zur Anwendung. Ein Vorteil von PLS gegenüber kovarianzbasierten Verfahren ist die Möglichkeit, auch umfangreiche Modelle mit relativ kleinen Stichproben schätzen zu können. Da die Stichprobe der vorliegenden Untersuchung relativ klein ist, ist dieser Vorteil von hoher Relevanz. Zudem zeichnet sich PLS durch eine bessere Prognosefähigkeit im Vergleich zu den kovarianzbasierten Verfahren aus[325] und die Eingangsdaten müssen nicht normalverteilt sein.[326] Darüber hinaus vermag PLS die Einbindung von sowohl formativen als auch reflektiven Indikatoren zur Operationalisierung latenter Konstrukte zu berücksichtigen (Kriterium 5).[327] LISREL eignet sich dazu hingegen weniger, da sich formative Indikatoren nur unter bestimmten Voraussetzungen einbinden lassen.[328] In dem Modell dieser Arbeit sind mehrere Konstrukte formativ operationalisiert, daher ist das PLS-Verfahren gegenüber LISREL vorzuziehen. Insgesamt scheint die Anwendung von PLS als praxisnahes Instrument zur Überprüfung des aufgestellten Modells als gerechtfertigt. PLS ist daher Gegenstand einer detaillierten Betrachtung in *Kapitel 4.1.2.*

4.1.2 Zur Beurteilung von PLS-Modellen

Aufgrund der in *Kapitel 4.1.1* aufgezeigten Vorteile, findet das PLS-Analyseverfahren zur empirischen Überprüfung der aufgestellten Kausalzusammenhänge Anwendung. Um die Güte der Modellschätzung beurteilen zu können, existieren Kriterien, die einen Rückschluss auf die Gültigkeit (Validität) und Zuverlässigkeit (Reliabilität) der aufgestellten Modellbeziehungen

[323] Vgl. Homburg/Pflesser (2000), S. 636.
[324] Vgl. Backhaus et al. (2003), S. 393.
[325] Vgl. Herrmann/Huber/Kressmann (2006), S. 41.
[326] Vgl. Fornell/Bookstein (1982), S. 443.
[327] Vgl. Götz/Liehr-Gobbers (2004), S. 721.
[328] Vgl. Jarvis/MacKenzie/Podsakoff (2003), S. 213 ff.

geben.[329] Das varianzbasierte lineare Strukturgleichungsmodell PLS setzt sich aus zwei Submodellen zusammen: dem Mess- und Strukturmodell. Das Strukturmodell, auch inneres Modell genannt, setzt die hypothetischen Konstrukte zueinander in Beziehung und beschreibt die kausalen Relationen zwischen ihnen.[330] Die Konstrukte des untersuchten Modells sind jedoch nicht direkt beobachtbar und müssen daher erst durch eine Operationalisierung mit beobachtbaren Indikatoren messbar gemacht werden. Diese Aufgabe erfüllt das Messmodell, auch äußeres Modell genannt, das die Beziehungen zwischen den Indikatoren zur Erfassung der endogenen (abhängigen) bzw. exogenen (unabhängigen) latenten Konstrukte offenbart[331] und somit die Voraussetzung für eine Schätzung des Strukturmodells ist.[332] Da in dieser Studie sowohl reflektive als auch formative Indikatoren zum Einsatz kommen, erfolgt zunächst die Beschreibung der unterschiedlichen Gütekriterien dieser beiden Messmodelle.

Im Rahmen der reflektiven Messmodelle stützt sich die Beurteilung der Güte der Indikatoren eines Konstrukts insbesondere auf die Höhe und Signifikanz der Ladungen der einzelnen Indikatoren auf das Konstrukt (Faktorladungen).[333] Infolge der Annahme, dass mehr als 50% der Varianz eines Indikators auf die latente Variable zurückzuführen sein sollte, lässt sich ableiten, dass die Ladung der latenten Variable auf eine Indikatorvariable mindestens einen Wert von 0,7 (besser 0,8) annehmen sollte.[334] Mit Hilfe der t-Werte lässt sich die Signifikanz schätzen, hierzu wendet PLS die Bootstrapping- und Jacknifing-Methode an.[335] Die Bootstrapping-Methode weist im Gegensatz zu Jacknifing geringere Standardfehler auf, daher wird sie auch in der vorliegenden Arbeit angewendet.[336] Bei einem einseitigen Test sind die t-Werte mit einem Wert größer 1,66 auf 5% Niveau signifikant.[337] Auch auf die „Sinnhaftigkeit" der Faktorwerte (vor allem der Vorzeichen) sollte der Anwender achten.[338] Mit Hilfe der Konstruktvalidität lässt sich überprüfen, wie gut sich die gewählte Operationalisierung zur Messung des latenten Konstrukts eignet.[339] Um die Konstruktvalidität nachzuweisen, ist die

[329] Vgl. Huber et al. (2007), S. 35.
[330] Vgl. Backhaus et al. (2003), S. 336.
[331] Vgl. Bollen (1989), S. 13 f.
[332] Vgl. Backhaus et al. (2003), S. 394.
[333] Vgl. Hulland (1999), S. 198.
[334] Vgl. Herrmann/Huber/Kressmann (2006), S. 56.
[335] Vgl. Hahn (2002), S. 107.
[336] Vgl. Efron/Gong (1983), S. 39 f., Efron/Tibshirani (1993), S. 145 f.
[337] Vgl. Huber et al. (2007), S. 35.
[338] Vgl. Gefen/Straub/Boudreau (2000), S. 25.
[339] Vgl. Hildebrandt (1998), S. 89 ff.

verbundene Prüfung der Konvergenzvalidiät und Diskriminanzvalidität erforderlich.[340] Die Konvergenzvalidität basiert auf der durchschnittlich erfasste Varianz (DEV) und der Konstruktreliabilität.[341] Die Konstruktreliabilität gibt an, inwiefern sich ein Faktor zur Erklärung des zu ihm in Beziehung stehenden Blocks reflektiver Indikatoren eignet. Die Konstruktreliabilität kann Werte zwischen 0 und 1 annehmen, wobei Werte größer 0,7 als akzeptabel gelten.[342] Die DEV ist ein Maß zur Überprüfung, wie hoch der durch einen Faktor erklärte Varianzanteil in Relation zum nicht erklärten Varianzanteil ist, und sollte mindestens einen Wert von 0,6 erreichen.[343] Die Diskriminanzvalidität ermittelt man über das Fornell-Lacker-Kriterium, das als erfüllt gilt, wenn die DEV eines latenten Konstrukts größer ist als jede quadrierte Korrelation mit einem anderen latenten Konstrukt.[344] Das Stone-Geissers Q^2 dient der Überprüfung der Vorhersagevalidität eines reflektiven Konstrukts.[345] Q^2-Werte größer Null sprechen für Vorhersagerelevanz.[346] Ein weiteres Gütekriterium reflektiver Messmodelle ist die Unidimensionalität. Diese gibt an, inwieweit sich die Indikatoren einem Konstrukt klar und überschneidungsfrei zuordnen lassen. Die Indikatoren sollten nur zu den zum gleichen Konstrukt gehörenden Indikatoren hohe Korrelationen aufweisen, zu Indikatoren anderer Konstrukte sollten die Korrelationen gering sein. Im Rahmen einer Faktorenanalyse lässt sich Unidimensionalität über die berechneten Kreuzladungen überprüfen, welche den Wert 0,4 nicht überschreiten sollen.[347]

Bei einer formativen Operationalisierung interessieren zur Gütebeurteilung in erster Linie Validitätsmaße. Die Reliabilität der Schätzparameter kann man im formativen Messmodell nicht mit Hilfe der Zuverlässigkeit, mit der die Indikatoren das latente Konstrukt erklären, bewerten. Daher stützt sich die Reliabilitätsprüfung nur auf den zugehörigen t-Wert (Signifikanz), der ab Werten größer 1,98 als akzeptabel gilt. Die Überprüfung der Konstruktvalidität basiert auf der Evaluation der Diskriminanzvalidität. Ob hinreichende Diskriminanz vorliegt, lässt sich mit der Korrelationsmatrix der berechneten Konstruktwerte beurteilen. Dabei sollten die Konstrukt-Korrelationen der latenten Variablen stets kleiner als 0,9 sein.[348] Der Variance

[340] Vgl. Hildebrandt (1998), S. 91.
[341] Vgl. Fritz (1995), S. 136 ff.
[342] Vgl. Huber et al. (2007), S. 35.
[343] Vgl. Huber et al. (2007), S. 36.
[344] Vgl. Fornell/Cha (1994), S. 73.
[345] Vgl. Fornell/Bookstein (1982), S. 450.
[346] Vgl. Fornell/Cha (1994), S. 73.
[347] Vgl. Huber et al. (2007), S. 37; Vollhardt (2007), S. 170.
[348] Vgl. Huber et al. (2007), S. 102.

Inflation Factor (VIF) dient zur Aufdeckung von Multikollinearität unter den Indikatoren eines Konstrukts. Multikollinearität gibt Aufschluss darüber, inwieweit sich Werte eines Indikators zur Operationalisierung eines Konstrukts durch andere Konstruktindikatoren vorhersagen lassen, wobei Multikollinearität grundsätzlich zu vermeiden ist. Bei Werten kleiner 10 ist davon auszugehen, dass keine Multikollinearität vorliegt. *Tabelle 2* liefert eine Übersicht aller Gütekriterien für die Messmodellebene.

Gütekriterien für das Messmodell	**Reflektives Messmodell**	**Formatives Messmodell**
Gewichte	Irrelevant	(keine Vorgabe)
Ladung	> 0,7 (besser 0,8)	Irrelevant
t-Wert	Einseitig > 1,66	Zweiseitig > 1,98
Multikollinearität	(nicht möglich)	Variance Inflation Factor (VIF) < 10
Vorhersagevalidität	Stone-Geissers Q^2 (Kommunalität) > 0	(nicht möglich)
Unidimensionalität	Höhe und Korrelation Residuen Kreuzladungen	(nicht möglich)
Konvergenz: DEV Konstruktreliabilität	 > 0,6 > 0,7	 (nicht möglich) (nicht möglich)
Diskriminanz	Fornell-Larcker-Kriterium	Konstrukt-Korrelationen (< 0,9)

Tabelle 2: Prüfkriterien für PLS-Modelle (Messmodellebene)[349]

Nach der Analyse der Gütekriterien auf Messmodellebene erfolgt eine Gütebeurteilung der Hypothesen auf Strukturmodellebene. Mittels eines zweiseitigen t-Tests ermittelt man die Signifikanz der Strukturparameter. Diese dient zur Beurteilung, ob signifikante Beziehungen zwischen den hypothetischen Konstrukten bestehen. Dabei geben die Strukturparameter Aufschluss über die Stärke des Einflusses eines Konstrukts auf das kausal nachfolgende Konstrukt. Wie gut sich die Varianz durch die kausal vorgeschalteten Konstrukte erklären lässt, kann unter Zuhilfenahme des Determinationskoeffizienten R^2 beurteilt werden.[350] Wie auch auf Messmodellebene erfolgt die Multikollinearitätsprüfung zwischen den vorgeschalteten

[349] Eigene Tabelle in Anlehnung an Huber et al. (2007), S. 45.
[350] Vgl. Hahn (2002), S. 104.

Größen mittels Varianzinflationsfaktor. Obwohl PLS kein für das Gesamtmodell gültiges globales Gütekriterium bietet,[351] bewerten die angeführten Kriterien die Modellzusammenhänge ausreichend. Das Stone-Geisser Q^2 ist hierzu eine geeignete Kenngröße für die Vorhersagevalidität der reflektiven endogenen Zielkonstrukte.[352] In *Tabelle 3* sind die kritischen Werte für das Strukturmodell noch einmal zusammenfassend dargestellt.

Gütekriterien für das Strukturmodell	
Strukturparameter	(keine Vorgabe)
t-Wert	Zweiseitig > 1,98
R^2	> 0,3
Multikollinearität	Variance Inflation Factor (VIF) < 10
Vorhersagevalidität (bzgl. endogener reflektiver Konstrukte)	Stone-Geissers Q^2 (Redundanz) > 0

Tabelle 3: Prüfkriterien für PLS-Modelle (Strukturmodellebene)[353]

Anhand der in diesem Kapitel vorgestellten Gütekriterien erfolgt die Evaluation der Güte der Mess- und Strukturmodellschätzung. Dies ist Gegenstand der folgenden Kapitel.

4.2 Konzeption der empirischen Studie

4.2.1 Design der Untersuchung

Zur Überprüfung der aufgestellten kausalen Beziehungen sind empirische Daten erforderlich, welche der Forscher grundsätzlich durch Primär- oder Sekundärforschung generieren kann. Da noch keine empirischen Daten zum Orderverhalten vorliegen und es Ziel dieser Arbeit ist, neue Erkenntnisse und Einsichten zu gewinnen, kommen Methoden der Primärforschung zum Einsatz.[354] Dabei kann man die Daten sowohl durch die Methoden der Befragung als auch der Beobachtung erheben, wobei die Befragung am häufigsten zum Einsatz kommt.[355] Im Fokus der Befragung steht die Informationsgewinnung über einen vorgegebenen Sachverhalt durch einen ausgewählten Personenkreis.[356] Die Befragung kann dabei mündlich, schriftlich, telefo-

[351] Vgl. Hulland (1999), S. 202.
[352] Vgl. Fornell/Cha (1994), S. 72 f.
[353] Eigene Tabelle in Anlehnung an Huber et al. (2007), S. 45.
[354] Für eine detaillierte Beschreibung der Primär- und Sekundärforschung vgl. z. B. Nieschlag/Dichtl/Hörschgen (2002), S. 2 ff.
[355] Vgl. Hüttner (1997), S. 67 f.
[356] Vgl. Meffert/Burmann/Kirchgeorg (2008), S. 158.

nisch oder computergestützt erfolgen,[357] wobei die internetbasierte schriftliche Befragung in den letzten Jahren vermehrt Anwendung findet. Gründe hierfür liegen in der schnellen und kostengünstigen Möglichkeit eine hohe Anzahl von Probanden überregional ansprechen zu können,[358] die aufgrund der Anonymität des Internets auch gegenüber sensiblen Fragen eine höhere Antwortbereitschaft aufweisen. Auch in der vorliegenden Arbeit entstammen die Daten zur Überprüfung des Hypothesenmodells einer schriftlichen internetbasierten Befragung, um mit relativ geringen Kosten und organisatorischem Aufwand einen großen Adressatenkreis erreichen zu können, der den Zeitpunkt der Befragung sogar selber auswählen kann. Die Probanden erhalten dabei einen Link per E-Mail, der sie auf die Internetseite mit dem Fragebogen leitet. Neben den Probanden, welche die Befragung online durchgeführt haben, nahmen auch Modehändler teil, die die Fragebögen schriftlich (nicht computergestützt) ausfüllten.

Inhaltlich gibt es keine Unterschiede zwischen dem Online-Fragebogen und dem Fragebogen, den die Einkäufer ohne Computer per Hand ausgefüllt haben. Beide Fragebögen setzen sich überwiegend aus geschlossenen Fragen zusammen, welche sich im Vergleich zu offenen Fragen besser vergleichen und auswerten lassen. [359] Zudem können sie in einer relativ kurzen Zeit beantwortet werden.

Die Messung der als Aussagen formulierten Indikatoren erfolgt über eine siebenstufige Rating-Skala.[360] Generell dienen Rating-Skalen der Messung von subjektiven Sachverhalten, wie z. B. Einstellungen, die in quantitative Größen transformiert werden müssen. Anhand der sieben Abstufungen haben die Probanden die Möglichkeit ihre Meinung zu einem Sachverhalt abzugeben, wobei nur die beiden Extrempunkte der Rating-Skala eine verbale Benennung aufweisen. Die Einteilung der Skala in sieben Stufen gilt dabei als bewährter Kompromiss zwischen hoher Reliabilität (wenig Skalenpunkte), durch eine geringe kognitive Belastung der Befragten, und großer Varianz der Daten bzw. hoher Validität (viele Skalenpunkte). Die Darstellung der Operationalisierung mit den verwendeten Skalen erfolgt in *Kapitel 4.3.*

[357] Vgl. Nieschlag/Dichtl/Hörschgen (2002), S. 442.
[358] Vgl. Zerr (2001), S. 12.
[359] Vgl. Herrmann/Homburg (2000), S. 27.
[360] Vgl. Hammann/Erichson (2000), S. 106 f.

4.2.2 Auswahl der Probanden und Datenerhebung

Im Rahmen dieser Studie gilt es, das Orderverhalten der Einkäufer von Fashionlabels zu untersuchen. Eine Besonderheit liegt dabei in der Untersuchungseinheit bzw. den befragten Personen aus dem B2B-Bereich. Im Gegensatz zur klassischen Konsumentenbefragung ist der für die Untersuchung relevante Adressatenkreis eher klein und die Antwortbereitschaft geringer. Um dennoch möglichst viele Daten erheben zu können, wurde der verwendete Fragebogen sowohl über verschiedene Wege im Internet publiziert als auch parallel zur Online-Befragung an Modehändler verteilt. Im Rahmen der Online-Befragung ergab eine Online-Recherche zum einen insgesamt ca. 1000 E-Mail Adressen von Modeboutiquen aus Deutschland, Österreich und der Schweiz, die per E-Mail den Link zu dem Online-Fragebogen erhielten. Zum anderen erfolgte die Kontaktaufnahme zu ca. 500 Modehändler aus dem deutschsprachigen Raum über den E-Mail Verteiler des Modelabels *Anja Gockel.* [361] In dieser E-Mail bat die Modedesignerin *Anja Gockel* ihre Geschäftskunden zur Beantwortung des Online-Fragebogens, zu dem sie per Anklicken des Links gelangten. Des Weiteren gab es einen Aufruf zur Teilnahme an der Online-Befragung in dem Internet-Facebook-Forum der Fachzeitschrift *Textilwirtschaft.*[362] Zusätzlich zur Online-Befragung wurden ca. 20 Fragebögen an Modehändler im Raum Mainz und Wiesbaden verteilt. Diese Probanden hatten im Januar 2011 zwei Wochen Zeit den Fragebogen alleine auszufüllen, um einen Interviewereinfluss möglichst auszuschließen und den Befragten die Möglichkeit zu geben, den Fragebogen an einem für sie günstigen Zeitpunkt auszufüllen.

Insgesamt haben 237 Personen an der Umfrage teilgenommen. 119 Datensätze wurden aufgrund von Unvollständigkeit, auffälligen Antwortmustern oder kurzer Bearbeitungszeit von der Datenanalyse ausgeschlossen. Somit gingen 118 Datensätze in die endgültige Betrachtung ein. Der entwickelte Fragebogen informierte die Teilnehmer zu Beginn über den Anlass (Diplomarbeit) und Gegenstand der Untersuchung (Orderverhalten). Gerade im B2B-Bereich sind die Studienteilnehmer häufig nur bedingt zur Auskunft bereit, da Strategien des eigenen Unternehmens nicht an Dritte gelangen sollen und keine Rückschlüsse auf die eigene Person möglich sein sollen. Daher wurde innerhalb der Einleitung auf die Anonymisierung und strenge Geheimhaltung der Daten hingewiesen, die ausschließlich den Forschungszwecken dienen. Außerdem stand eine Kontaktadresse für evtl. Rückfragen zur Verfügung. Um die

[361] Vgl. Anja Gockel (2011).

[362] Vgl. Facebook TW (2011).

Probanden zur Teilnahme zu motivieren, gab es die Möglichkeit, die Forschungsergebnisse zu erhalten. Die Online-Befragung beinhaltete zudem eine Anzeige, die den Fortschritt und die verbleibende Dauer der Befragung signalisierte. Die Teilnehmer erhielten kein fest vorgegebenes Untersuchungsobjekt bzw. Fashionlabel, um zu vermeiden, dass eine große Anzahl potentieller Teilnehmer aus der Befragung herausfällt, weil sie das vorgegebene Fashionlabel nicht kennen bzw. noch nie geordert haben. Die Befragten sollten also bereits Ordererfahrung mit dem Untersuchungsobjekt gesammelt haben. Infolgedessen wurden die Teilnehmer zu Beginn des Fragebogens gebeten, das Fashionlabel anzugeben, das sie am liebsten ordern (Lieblingslabel). Der Hauptteil der Befragung umfasst die Abfrage der Indikatoren zur Operationalisierung der Modellkonstrukte. Die Probanden sollten die Fragen dabei in Bezug auf das von ihnen selbst vorgeschlagene Lieblingslabel beantworten. Den Schlussteil bildete die Erfassung der soziodemographischen Merkmale der Auskunftspersonen, welche im folgenden *Kapitel 4.2.3* aufgezeigt werden.

4.2.3 Deskriptive Auswertung

Wie bereits erwähnt, haben 237 Probanden an der Studie teilgenommen, wovon 119 Datensätze nicht in die Befragung eingehen können. Demnach setzt sich die effektive Stichprobe aus 118 Datensätzen zusammen.[363] Bezogen auf die ca. 1500 Adressaten entspricht dies einer effektiven Rücklaufquote von 7,9% (allgemeine Rücklaufquote beträgt 15,8%). Diese Rücklaufquote ist akzeptabel, da die Antwortbereitschaft von Unternehmen, bei denen der Erfolg des eigenen Unternehmens typischerweise im Vordergrund steht, generell als niedrig einzustufen ist.[364] Dennoch spiegelt diese Rücklaufquote lediglich einen geringen Anteil der kontaktierten Unternehmen wieder, daher gilt es im Folgenden die Repräsentativität der Stichprobe zu überprüfen. Um einen Überblick über die Zusammensetzung und Struktur der Stichprobe zu erhalten, werden in diesem Kapitel zunächst die soziodemographischen Merkmale der 118 Teilnehmer ausgewertet. Darauf aufbauend erfolgt die Überprüfung der Qualität der Stichprobe sowie abschließend die Analyse des Untersuchungsobjekts.

Wie anhand *Tabelle 4* ersichtlich, nahmen 72 Frauen und 46 Männer an der Umfrage teil. Dies entspricht einem relativen Anteil von 61,02% weiblichen und 38,98% männlichen Probanden, wonach deutlich mehr Frauen an der Umfrage teilgenommen haben. Um die Qualität

---

[363] Siehe Kapitel 4.2.2.
[364] Vgl. Vollhardt (2007), S. 153.

der Stichprobe beurteilen zu können, ist die Kompetenz der Befragten bedeutsam.[365] Aus der Tabelle 4 geht hervor, dass mit 89,83% die absolute Mehrzahl der Probanden die Position des Geschäftsführers bzw. Inhabers einnimmt. Dieser Gruppe wird annahmegemäß ein weit reichender Überblick über verschiedene Fashionlabels zugesprochen. Angestellte(r) sind 5,93% der Befragten. Die Antwortkategorie „Sonstige" gaben 4,24% der Teilnehmer an. Demnach weist die Stichprobe eine hohe Kompetenz auf. Auch das Merkmal der Erfahrung im Einkauf bestätigt die Kompetenz der Befragten. Während sich die Frage nach der Position auf die Beschäftigung im aktuellen Unternehmen beschränkt, ist das Merkmal der Erfahrung im Einkauf auf das gesamte Berufsleben bezogen. Im Schnitt betreuen die Probanden seit 18 Jahren den Einkauf mit. Die Spannbreite erstreckt sich dabei von 2 bis 47 Jahren. Kein Proband hat angegeben, dass er bisher noch keine Erfahrungen im Einkauf gesammelt hat. Zusammenfassend weist die Stichprobe eine hinreichende Erfahrung und Kompetenz zur Bewertung der für diese Arbeit interessierenden Fragestellungen auf.

Merkmal	**Merkmalsausprägung**	**Häufigkeit**	
		absolut	**relativ**
Geschlecht	Weiblich	72	61,02%
	Männlich	46	38,98%
Position	Geschäftsführung/Inhaber(in)	106	89,83%
	Angestellte(r)	7	5,93%
	Sonstige	5	4,24%
Erfahrung im Einkauf	Durchschnitt der Jahre, die der Befragte im Einkauf tätig ist	18 Jahre	
	Spannweite	2 - 47 Jahre	
	Keine Erfahrung	0	

Tabelle 4: Soziodemographische Merkmale der Stichprobe

Da in der vorliegenden Arbeit das Modell zur Erklärung des Orderverhaltens in Bezug auf den Facheinzelhandel als Untersuchungseinheit im Fokus der Betrachtung steht,[366] interessiert zudem, ob die befragten Modehändler zu der Kategorie des Facheinzelhandels gehören. Einen Überblick über die Merkmale des Unternehmens der Probanden liefert *Tabelle 5*. Kennzeich-

[365] Vgl. Hurrle/Kieser (2005), S. 591 f.; Luo/Slotegraaf/Pan (2006), S. 71.
[366] Siehe Kapitel 3.2.

nend für den Facheinzelhandel ist eine kleine oder mittlere Betriebsgröße.[367] Um die Betriebsgröße der Stichprobe zu bestimmen ist das Merkmal „Anzahl der Mitarbeiter des Unternehmens“ ein geeignetes Kriterium.[368] Mit über 75% ist die absolute Mehrheit der Befragten in kleinen bzw. mittleren Unternehmen mit maximal zwölf Mitarbeitern tätig. Zudem gaben 72,03% der Teilnehmer an, dass ihr Unternehmen nur einen Standort bzw. eine Boutique aufweist und demnach nicht filialisiert aufgestellt ist. Lediglich 4,24% arbeiten in Modehandelsunternehmen mit mindestens 5 Filialen. Die Stichprobe weist demnach typische Merkmale des Facheinzelhandels auf und ist repräsentativ für den Facheinzelhandel. Zudem lässt sich der *Tabelle 5* entnehmen, dass die Mehrheit der Befragten (67,8%) im Modehandel mit einer Verkaufsfläche von mindestens 100 qm² arbeitet.

Merkmal	**Merkmalsausprägung**	**Häufigkeit**	
		absolut	**relativ**
Anzahl der Mitarbeiter des Modehändlers	Unter 5 Mitarbeiter	48	40,68%
	5 bis 12 Mitarbeiter	41	34,74%
	Über 12 Mitarbeiter	29	24,58%
Anzahl der Filialen/Boutiquen des Modehändlers	1 Filiale/Boutique	85	72,03%
	2 bis 5 Filialen/Boutiquen	28	23,73%
	Über 5 Filialen/Boutiquen	5	4,24%
Durchschnittliche Größe der Verkaufsfläche pro Filiale	Unter 70 qm²	13	11,02%
	70 bis 100 qm²	25	21,18%
	Über 100 qm²	80	67,80%

Tabelle 5: Merkmale der Modehändler

Die Probanden haben zu Beginn der Befragung das Untersuchungsobjekt selbst bestimmt, indem sie angegeben haben, welches Label sie am liebsten ordern (Lieblingslabel). *Tabelle 6* liefert einen Überblick über die meist genannten Fashionlabels.

Ein Viertel der Befragten gab das Label *Marc Cain* als Lieblingslabel an. Dies lässt sich damit erklären, dass ein großer Teil der recherchierten Modehändler, die den Link zum Online-Fragebogen erhalten haben, das Label *Marc Cain* führen. Die Fashionlabels *Hugo Boss*, *Marc O'Polo* und *Schumacher* weisen jeweils fünf Nennungen als Lieblingslabel auf. Jeweils drei

367 Siehe Kapitel 2.2.1.
368 Vgl. Vollhardt (2007), S. 154.

Nennungen verzeichnen die Labels *Cinque*, *Closed*, *Opus* und *Scotch and Soda*. Der Großteil der Fashionlabels, anhand derer die Probanden die Fragen beantwortet haben, weist nur eine Nennung auf und ist daher an dieser Stelle nicht einzeln aufgeführt. Die Vielzahl unterschiedlicher Lieblingslabel der Probanden stellt sicher, dass die Heterogenität des Marktes der Modehersteller auch in der Stichprobe umfassend abgebildet ist. Um die genannten Lieblingslabels genauer einordnen zu können, bietet sich das Strukturmodell der Anbieter von Bekleidungsmode nach *Hermanns* an.[369] Nach dem Kriterium der Exklusivität lassen sich die genannten Lieblingslabels dem gehobenen mittleren bis hohen Genre der Mode der Bekleidungshersteller zuordnen.

Lieblingslabel	**Häufigkeit**	
	absolut	**relativ**
Marc Cain	29	24,58%
Hugo Boss	5	4,24%
Marc O'Polo	5	4,24%
Schumacher	5	4,24%
Cinque	3	2,54%
Closed	3	2,54%
Opus	3	2,54%
Scotch and Soda	3	2,54%

Tabelle 6: Lieblingslabel mit den häufigsten Nennungen

4.3 Operationalisierung und Darstellung der Ergebnisse auf Messmodellebene

4.3.1 Fit

Zur Überprüfung des in *Kapitel 3* aufgestellten Hypothesensystems erfolgt zunächst die isolierte Darstellung der Operationalisierung der latenten Konstrukte über deren Indikatoren sowie die Beurteilung der Güte des Messmodells. Dabei kommen bestehende, als valide und reliabel getestete Messinstrumentarien in einer deutschen Übersetzung zum Einsatz. Die Befragung über die Indikatoren erfolgt als positiv formulierte Aussagen über das Lieblingslabel anhand einer 7-stufigen *Likert*-Skala mit den Endpunkten (1) „Stimme überhaupt nicht zu" und (7) „Stimme voll zu". Die Gütebeurteilung auf Messmodellebene ist von der Spezifizierung des Zusammenhangs zwischen Indikator und Konstrukt abhängig, daher enthält dieses

[369] Vgl. Hermanns (1999), S. 15 f.

Kapitel auch die Begründung für die Wahl einer formativen oder reflektiven Operationalisierung.

- **Fit zum Modehändler**

Der Fit beschreibt ganz allgemein das Ausmaß der Übereinstimmung oder Ähnlichkeit zwischen Vergleichsobjekten.[370] Für die Operationalisierung des latenten Konstrukts bietet sich daher die Bewertung des Zusammenpassens des Fashionlabels mit dem Modehändler an. Das semantische Differential von *John/Loken/Joiner* liefert dem Forscher ein geeignetes Instrumentarium zur Messung des Konstrukts Fit zum Modehändler. Dabei bewertet der Proband auf einer Skala die entgegengesetzten Eigenschaftsworte „consistent - inconsistent", „similiar - different", „representative - unrepresentative" und „typical - atypical" in Bezug auf die Vergleichsobjekte.[371] Diese Indikatoren werden für die Operationalisierung des Konstrukts Fit zum Modehändler ins Deutsche als positive Aussagen übersetzt, anhand derer die Befragten den Grad ihrer Zustimmung ausdrücken können. Folgende Indikatoren (I) ergeben sich auf diese Weise: (I_1) „Das Label stimmt mit dem Image unseres Unternehmens überein", (I_2) „Das Label ist dem Image unseres Unternehmens ähnlich", (I_3) „Das Label repräsentiert das Image unseres Unternehmens" und (I_4) „Das Label ist typisch für das Image unseres Unternehmens". Jeder einzelne Indikator spiegelt das Konstrukt des Fits mit dem Modehändler wider und verändert sich bei einer Variation des Konstruktwertes. Der Zusammenhang zwischen der latenten Variable und ihren Indikatoren ist demnach reflektiv.

Die Güte des reflektiven Messmodells lässt sich anhand der in *Kapitel 4.1.2* vorgestellten Gütekriterien bewerten. Die Indikatoren I_3 und I_4 liegen mit den Faktorladungen 0,546 und 0,382 unterhalb des geforderten Mindestwertes von 0,7 und werden daher von der weiteren Untersuchung ausgeschlossen. Nach einer Überprüfung des Gütekriteriums Unidimensionalität entfällt weiterhin der Indikator I_2, da dieser zu hohe Kreuzladungen auf andere Faktoren aufweist. Somit misst nur ein Indikator das Konstrukt Fit zum Modehändler, weshalb die Faktorladung den Wert Eins annimmt, wie anhand *Tabelle 7* ersichtlich ist. Liegt nur ein Faktor zur Messung der latenten Variable vor, so lassen sich die Reliabilität und Validität nicht anhand eines umfassenden Kriterienkatalogs überprüfen. Lediglich das Gütekriterium Unidimensionalität kann zum Einsatz kommen, welches fordert, dass die Kreuzladungen mit anderen Fak-

[370] Siehe Kapitel 3.2.1.
[371] Vgl. John/Loken/Joiner (1998), S. 23.

toren den Maximalwert von 0,4 nicht überschreiten.[372] Die höchste Kreuzladung liegt mit dem Wert 0,203 unterhalb des kritischen Wertes, wonach Unidimensionalität gegeben ist. Der vorliegende Indikator findet somit Einzug in die Untersuchung.

<table>
<tr><th colspan="5">Operationalisierung</th></tr>
<tr><th colspan="3">Indikatoren</th><th>Faktorladung</th><th>t-Wert</th></tr>
<tr><td colspan="3">Indikator: Das Label ist dem Image unseres Unternehmens ähnlich.</td><td>1,000</td><td>----</td></tr>
<tr><th colspan="5">Gütekriterien</th></tr>
<tr><th>DEV</th><td>1,000</td><th colspan="2">Vorhersagevalidität</th><td>----</td></tr>
<tr><th>Konstruktreliabilität</th><td>1,000</td><th colspan="2">Unidimensionalität</th><td>0,203 (< 0,4)</td></tr>
<tr><th>Diskriminanzvalidität</th><td>----</td><td colspan="3"></td></tr>
</table>

Tabelle 7: Operationalisierung und Gütekriterien des Konstrukts Fit zum Modehändler

- **Fit zum Endkunden**

Das Konstrukt Fit zum Endkunden soll untersuchen, inwieweit das Lieblingsfashionlabel der Einkäufer zu den Anforderungen der Endkunden passt. Die Operationalisierung des Konstrukts basiert wie auch das Konstrukt Fit zum Modehändler auf dem Inventar von *John/Loken/Joiner.* Wie bereits gezeigt, sind die Indikatoren als reflektiv zu interpretieren, da die Indikatoren das Fit-Konstrukt repräsentieren und bei einer Änderung des Konstruktwertes zwangsläufig die Ausprägungen der Messvariablen variieren.

Tabelle 8 gibt einen Überblick über die vier Indikatoren und belegt die Erfüllung der Anforderungen an Faktorladungen und Signifikanzen aller Indikatoren. Da die Faktorladungen ausnahmslos positive Vorzeichen aufweisen, ist die Plausibilität der Faktorladungen gegeben. Auch die Kriterien DEV, Konstruktreliabilität und Diskriminanzvalidität weisen auf eine gelungene Operationalisierung des Konstrukts hin. Da sowohl die DEV als auch die Konstruktreliabilität die geforderten Mindestwerte von 0,6 (für DEV) und 0,7 (für Konstruktreliabilität) überschreiten, ist das Güterkriterium der Konvergenzvalidität erfüllt. Das Fornell-Larcker-Kriterium, welches fordert, dass die DEV eines latenten Konstrukts jede quadrierte Korrelation (r^2) mit einem anderen latenten Konstrukt übersteigt, ist ebenfalls erfüllt und deutet auf Diskriminanzvalidität hin. Für eine Bestätigung der Unidimensionalität gilt der kritische Wert von 0,4, den die Kreuzladungen mit den Indikatoren der übrigen Konstrukte nicht

[372] Vgl. Kapitel 4.1.2; auch Vollhardt (2007), S. 170.

überschreiten sollen.[373] In den vorliegenden Datensätzen überschreitet lediglich ein Indikator den kritischen Wert mit der Ausprägung von 0,402. Da diese Differenz sehr gering ist und alle Indikatoren hohe Korrelationen in Bezug auf einen gemeinsamen Faktor aufweisen, kann eine Verletzung der Unidimensionalität ausgeschlossen werden. Das verbleibende Kriterium Stone-Geissers Q^2 mit einem Wert von 0,549 ist ebenfalls erfüllt und spricht den ausgewählten Indikatoren Vorhersagevalidität zu. Da sämtliche Gütekriterien erfüllt sind, besteht kein Anlass einzelne Indikatoren zur Operationalisierung des Konstrukts Fit zum Endkunden aus der Analyse zu eliminieren.

<table>
<tr><th colspan="6">Operationalisierung</th></tr>
<tr><th colspan="4">Indikatoren</th><th>Faktorladung</th><th>t-Wert</th></tr>
<tr><td colspan="4">Indikator 1: Das Label stimmt mit den Anforderungen unserer Kunden überein.</td><td>0,819</td><td>9,074</td></tr>
<tr><td colspan="4">Indikator 2: Das Label weicht von den Anforderungen unserer Kunden nicht ab.</td><td>0,880</td><td>15,129</td></tr>
<tr><td colspan="4">Indikator 3: Das Label repräsentiert die Anforderungen unserer Kunden.</td><td>0,891</td><td>10,662</td></tr>
<tr><td colspan="4">Indikator 4: Das Label ist typisch für die Anforderungen unserer Kunden.</td><td>0,864</td><td>9,609</td></tr>
<tr><th colspan="6">Gütekriterien</th></tr>
<tr><td>DEV</td><td>0,746 (> 0,6)</td><td>Vorhersagevalidität</td><td colspan="3">0,549 (> 0)</td></tr>
<tr><td>Konstruktreliabilität</td><td>0,921 (> 0,7)</td><td>Unidimensionalität</td><td colspan="3">0,402 (≥ 0,4)</td></tr>
<tr><td>Diskriminanzvalidität</td><td colspan="5">0,746 > 0,255 [DEV > r^2]</td></tr>
</table>

Tabelle 8: Operationalisierung und Gütekriterien des Konstrukts Fit zum Endkunden

4.3.2 Personale Identifikation

Zur Messung der latenten Variable personale Identifikation dient das Inventar von *Brown* et al.[374] Die deutsche Übersetzung für die Indikatoren liefern *Büttner* et al. in ihrer Studie zum Luxusgütermarketing.[375] Der emotionale Indikator „Ich bin sehr froh, dass ich zu meiner Lieblingsmarke gehöre" geht nicht in die Befragung der Einkäufer mit ein, da sich derart emotionale Indikatoren tendenziell eher für eine Konsumentenbefragung im B2C-Bereich

[373] Vgl. Vollhardt (2007), S. 170.
[374] Vgl. Brown et al. (1986), S. 275 f.
[375] Vgl. Büttner et al. (2008), S. 100.

eignen, und im B2B-Bereich geringe Faktorladungen für diesen Indikator erwartet werden.[376] Infolgedessen verbleiben in Anlehnung an *Büttner et al.* folgende Indikatoren: (I_1) „Ich betrachte das Label als wichtig für mich", (I_2) „Ich identifiziere mich mit dem Label", (I_3) „Ich spüre eine starke Verbundenheit mit dem Label" und (I_4) „Ich sehe mich selbst als zu dem Label zugehörig". Die Richtung der Kausalität verläuft von dem Konstrukt hin zu den Indikatoren, welche untereinander austauschbar sind. Demzufolge liegt eine reflektive Operationalisierung vor.

Aufgrund der niedrigen Faktorladung des Indikators 4 von 0,618, die den kritischen Wert von 0,7 nicht erreicht, entfällt dieser Indikator bei der weiteren Betrachtung. Hinsichtlich der Unidimensionalität kann der Indikator 3 die an ihn gestellten Anforderungen nicht erfüllen und geht ebenfalls nicht in die weitere Analyse ein. Indikator 1 weist in Bezug auf die ermittelte Faktorladung und den t-Wert hoch signifikante Ergebnisse auf. Zwar verletzt der Indikator 2 den geforderten Mindestwert von 0,7, dennoch ist unter Berücksichtigung des signifikanten t-Wertes eine Eliminierung nicht zu befürworten, um einen dadurch bedingten Informationsverlust zu vermeiden.[377] Wie aus *Tabelle 9* zu entnehmen ist, sind die Gütekriterien der DEV, der Konstruktreliabilität und der Diskriminanzvalidität erfüllt. Das Q^2 nach Stone-Geisser zur Beurteilung der Vorhersagevalidität liegt über dem kritischen Wert von 0, womit das Messmodell Prognosefähigkeit besitzt. Die zur Bewertung der Unidimensionalität höchste identifizierte Kreuzladung liegt zwar genau auf dem Schwellenwert, dennoch kann man dieses Kriterium in der Gesamtbewertung der Gütekriterien als ausreichend ansehen. Somit wird die Eignung des gewählten Messinstrumentariums für das Konstrukt Personale Identifikation belegt.

<table>
<tr><th colspan="4">Operationalisierung</th></tr>
<tr><th colspan="2">Indikatoren</th><th>Faktorladung</th><th>t-Wert</th></tr>
<tr><td colspan="2">Indikator 1: Ich betrachte das Label als wichtig für mich.</td><td>0,979</td><td>4,198</td></tr>
<tr><td colspan="2">Indikator 2: Ich identifiziere mich mit dem Label.</td><td>0,632</td><td>2,098</td></tr>
<tr><th colspan="4">Gütekriterien</th></tr>
<tr><td>DEV</td><td>0,679 (> 0,6)</td><td>Vorhersagevalidität</td><td>0,193 (> 0)</td></tr>
<tr><td>Konstruktreliabilität</td><td>0,802 (> 0,7)</td><td>Unidimensionalität</td><td>0,400 (= 0,4)</td></tr>
<tr><td>Diskriminanzvalidität</td><td colspan="3">0,679 > 0, 255 [DEV > r²]</td></tr>
</table>

Tabelle 9: Operationalisierung und Gütekriterien des Konstrukts Personale Identifikation

[376] Vgl. Turley/Kelley (1997), S. 41.

4.3.3 Kommunikationsmaßnahmen des Modeherstellers

- **Einstellung gegenüber B2B-Kommunikationsmaßnahmen**

Wie in *Kapitel 2.3.3* erwähnt, kann man die Einstellung gegenüber Werbung (A_{ad}) sowohl als eindimensionales wie auch als mehrdimensionales Konstrukt betrachten. Die vorliegende Arbeit versteht das Konstrukt Einstellung gegenüber B2B-Kommunikatonsmaßnahmen im Sinne der Definition von *Lutz*, der Anhänger der eindimensionalen Sichtweise von A_{ad} ist.[378] Die Messung des Konstrukts basiert auf der Operationalisierung von *Bracket/Carr*, welche das Konstrukt ebenfalls eindimensional untersuchen.[379] Die Indikatoren beruhen wiederum auf Studien von *Ducoffe* (1995 und 1996). Anhand einer dreistufigen Likert-Skala bewerten die Probanden Aussagen zu dem Informationsgehalt der Werbung.

Die Betonung des Informa-tionsgehalts der Werbung ist im B2B-Bereich von besonderer Bedeutung, da im Vergleich zum B2C-Bereich rationale Kriterien einen hohen Stellenwert einnehmen.[380] Die Indikatoren nach *Bracket* und *Carr* sind nicht auf eine spezielle Werbemaßnahme bezogen und eignen sich daher im Rahmen dieser Studie auch für die Befragung zu dem Informationsgehalt der B2B-Kommunikationsmaßnahmen der Modehersteller, wie bspw. Messestände oder Fashionshows. *Tabelle 10* umfasst die Operationalisierung der Indikatoren. Da die Indikatoren untereinander austauschbar sind und sich deren Wert bei einer Variation des Konstruktwertes verändert, ist das Konstrukt reflektiv zu operationalisieren.

Die Prüfung der Faktorladungen und t-Werte bestätigt allen Indikatoren hohe Signifikanz, demnach verbleiben alle drei Indikatoren in der Untersuchung. Die Prüfung der verbleibenden Gütekriterien Konvergenz- und Diskriminanzvalidität wie auch der Vorhersagevalidität und Unidimensionalität bestätigen die Eignung des Iteminventars. Demzufolge wird die postulierte Operationalisierung des Konstrukts Einstellung gegenüber B2B-Kommunikationsmaßnahmen in die Untersuchung übernommen. *Tabelle 10* gibt einen Überblick über die Ergebnisse.

[377] Vgl. Vollhardt (2007), S. 160 f.
[378] Vgl. Lutz (1985), S. 46.
[379] Vgl. Bracket/Carr (2001), S. 29.
[380] Vgl. Turley/Kelley (1997), S. 41.

<table>
<tr><th colspan="4">Operationalisierung</th></tr>
<tr><th colspan="2">Indikatoren</th><th>Faktorladung</th><th>t-Wert</th></tr>
<tr><td colspan="2">Indikator 1: Kommunikationsmaßnahmen, die mein Lieblingslabel an mich als Einkäufer richtet, bieten gute Möglichkeiten Produktinformationen zu sammeln.</td><td>0,967</td><td>14,214</td></tr>
<tr><td colspan="2">Indikator 2: Kommunikationsmaßnahmen, die mein Lieblingslabel an mich als Einkäufer richtet, offerieren relevante Produktinformationen.</td><td>0,965</td><td>12,627</td></tr>
<tr><td colspan="2">Indikator 3: Kommunikationsmaßnahmen, die mein Lieblingslabel an mich als Einkäufer richtet, leisten aktuelle Informationen.</td><td>0,962</td><td>12,751</td></tr>
<tr><th colspan="4">Gütekriterien</th></tr>
<tr><td>DEV</td><td>0,931 (> 0,6)</td><td>Vorhersagevalidität</td><td>0,777 (> 0)</td></tr>
<tr><td>Konstruktreliabilität</td><td>0,976 (> 0,7)</td><td>Unidimensionalität</td><td>0,261 (< 0,4)</td></tr>
<tr><td>Diskriminanzvalidität</td><td colspan="3">0,931 > 0,183 [DEV > r^2]</td></tr>
</table>

Tabelle 10: Operationalisierung und Gütekriterien des Konstrukts Einstellung gegenüber B2B-Kommunikationsmaßnahmen

- **Einstellung gegenüber B2C-Kommunikationsmaßnahmen**

Das Konstrukt Einstellung gegenüber B2C-Kommunikationsmaßnahmen ist in dieser Untersuchung wie auch das Konstrukt Einstellung gegenüber B2B-Kommunikationsmaßnahmen ein eindimensionales globales Konstrukt. Demzufolge kommen für die Messung der latenten Variable Studien in Frage, die das Konstrukt ebenfalls als eindimensionales Konzept untersuchen. Im Gegensatz zum B2B-Bereich, sind in der Ansprache der Endkunden jedoch vor allem emotionale Aspekte bedeutsam: „(...) marketers try to build long-term customer loyalty with their targets through an emotional- rather than a reason-based- relationship“.[381] Zur Operationalisierung der Einstellung gegenüber B2C-Kommunikationsmaßnahmen kommt daher ein Inventar zum Einsatz, das neben rationalen Dimensionen vor allem emotional ausgerichtete Indikatoren beinhaltet. Ein für diese Anforderung geeignetes Inventar liefern *Elliot/Speck*.[382] Sie messen das eindimensionale Konstrukt „Attitude toward Advertising“ anhand eines semantischen Differentials mit den Wortlauten „interesting - not interesting“, „enjoyable - not enjoyable“, „informative - not informative“ und „believable - not believable“. Da

[381] Bülbül/Menon (2010), S. 169.
[382] Vgl. Elliot/Speck (1998), S. 33.

die Indikatoren nicht in Bezug auf eine spezielle Werbeform stehen, lassen sie sich ohne Probleme auf Kommunikationsmaßnahmen, die an die Endkunden gerichtet sind, anwenden. Die Indikatoren nach *Elliot/Speck* wurden innerhalb dieser Arbeit ins Deutsche übersetzt und in eine siebenstufige Ratingskala überführt. Die Richtung der Kausalität verläuft von den Indikatoren zum Konstrukt, welche nicht untereinander austauschbar sind. Die Indikatoren sind steuernde Stellgrößen der latenten Variable und demnach formativ zu operationalisieren. *Tabelle 11* verdeutlicht, dass die t-Werte der Indikatoren unterhalb des geforderten Mindestwertes von 1,98 liegen und demnach keinen signifikanten Einfluss auf das Konstrukt Einstellung gegenüber B2C-Kommunikationsmaßnahmen aufweisen. Bei formativen Messmodellen werden keine Indikatoren eliminiert, da dies eine Veränderung der inhaltlichen Bedeutung des Konstrukts implizieren würde. Daher verbleiben auch die nicht signifikanten Indikatoren in der weiteren Untersuchung. Zur Bewertung der Güte der gewählten Operationalisierung, dienen bei formativen Messmodellen zudem die Kriterien Multikollinearität anhand des Variance Inflation Factor (VIF) und Diskriminanzvalidität.[383] Beide Prüfkriterien erfüllen im vorliegenden Fall die kritischen Werte, wonach sich dem Messmodell eine ausreichende Qualität zur Operationalisierung des Konstrukts Einstellung gegenüber B2C-Kommunikationsmaßnahmen bescheinigen lässt.

Operationalisierung		
Indikatoren	**Gewichte**	**t-Wert**
Indikator 1: Kommunikationsmaßnahmen, die mein Lieblingslabel an die Endkunden richtet empfinde ich als interessant.	0,060	0,127
Indikator 2: Kommunikationsmaßnahmen, die mein Lieblingslabel an die Endkunden richtet empfinde ich als unterhaltsam.	-0,067	0,125
Indikator 3: Kommunikationsmaßnahmen, die mein Lieblingslabel an die Endkunden richtet empfinde ich als informativ.	-1,452	1,204
Indikator 4: Kommunikationsmaßnahmen, die mein Lieblingslabel an die Endkunden richtet empfinde ich als glaubwürdig.	1,938	1,547
Gütekriterien		
VIF	4,587 (< 10)	
Diskriminanzvalidität	0,350 < 0,9 [r < 0,9]	

Tabelle 11: Operationalisierung und Gütekriterien des Konstrukts Einstellung gegenüber B2C-Kommunikationsmaßnahmen

[383] Siehe Kapitel 4.1.2.

4.3.4 Zufriedenheit

- **Zufriedenheit mit den Produkten**

Das Konstrukt Zufriedenheit mit den Produkten dient der Einschätzung, wie zufrieden die Einkäufer mit den Produkten ihres Lieblingsfashionlabels sind. In der vorliegenden Arbeit interessiert darüber hinaus, welche Dimensionen bzw. Eigenschaften eines Fashionlabels für die Zufriedenheit bedeutsam sind bzw. welche Indikatoren Stellgrößen des Konstrukts sind. Um diese Fragestellung zu beantworten, ist der Einsatz einer formativen Operationalisierung sinnvoll, bei der jeder Indikator das Abbild einer Facette des Konstrukts darstellt und alle Indikatoren zusammen den kompletten Konstruktinhalt abbilden.

In der Literatur existiert kein Messinstrumentarium, das die beschriebenen Anforderungen erfüllt, infolgedessen ist für die vorliegende Untersuchung die Generierung eines neuen Instrumentariums vonnöten. *Fionda/Moore* identifizieren in ihrer Studie neun unterschiedliche Dimensionen einer „Luxury Fashion Brand“.[384] Die dort vorgestellten Komponenten „Product Integrity“, „Design Signature“ und „Exclusivity“ spiegeln unterschiedliche Facetten eines Fashionlabels wieder. Aufgrund des direkten Bezugs zum Produkt scheinen sie besonders geeignet um das Konstrukt „Zufriedenheit mit dem Produkt“ zu operationalisieren.

Diese drei Dimensionen und ihre jeweiligen Facetten bilden die acht unterschiedlichen Indikatoren für die vorliegende Studie. Die Probanden beantworten im Fragebogen anhand einer siebenstufigen Skala, ob sie mit den jeweiligen Facetten ihres Lieblingslabels zufrieden sind. Jede dieser acht Facetten geht bei der Operationalisierung als ein Indikator für die Messung des übergeordneten Konstrukts Zufriedenheit mit den Produkten ein. Demnach beeinflussen die einzelnen Indikatoren den Wert des Konstrukts. Verändert sich die Ausprägung eines Indikators, so hat dies keine Auswirkungen auf den Wert der anderen Variablen, der Konstruktwert verändert sich jedoch in Abhängigkeit mit den Indikatoren. Damit ist hier ein formatives Messmodell angebracht. Einen Überblick über die Indikatoren und Gütekriterien liefert *Tabelle 12*.

[384] Vgl. Fionda/Moore (2008), S. 359.

Operationalisierung		
Indikatoren	**Gewichte**	**t-Wert**
Indikator 1: Mit dem Innovationsgrad der Produkte bin ich zufrieden.	0,223	0,717
Indikator 2: Mit der Trendgerechtigkeit der Produkte bin ich zufrieden.	0,618	2,002
Indikator 3: Mit der Funktionalität der Produkte bin ich zufrieden.	-0,496	1,960
Indikator 4: Mit der Qualität der Produkte bin ich zufrieden.	0,870	2,629
Indikator 5: Mit der Wiedererkennbarkeit des Styles der Produkte bin ich zufrieden.	0,007	0,024
Indikator 6: Mit der kreativen Ausrichtung der Produkte bin ich zufrieden.	-0,404	1,278
Indikator 7: Mit der kontrollierten Erhältlichkeit der Produkte in ausgewählten Stores bin ich zufrieden.	-0,196	0,730
Indikator 8: Mit der limitierten Auflage der Produkte bin ich zufrieden.	0,214	0,791
Gütekriterien		
VIF	2,532 (< 10)	
Diskriminanzvalidität	0,432 < 0,9 [r < 0,9]	

Tabelle 12: Operationalisierung und Gütekriterien des Konstrukts Zufriedenheit mit den Produkten

Die Schätzung der t-Werte der Regressionskoeffizienten bescheinigt dem Indikator 2 „Trendgerechtigkeit" und dem Indikator 4 „Qualität" statistisch signifikante Werte, wobei Indikator 3 einen negativen Einfluss auf die Zufriedenheit der Einkäufer mit dem Produkt ausübt. Einen Erklärungsansatz für die hohe Bedeutung der Qualität und Trendgerechtigkeit bei einer negativen Auswirkung des Indikators Funktionalität auf die Zufriedenheit mit dem Fashionlabel lässt sich in den Charakteristika des Untersuchungsobjektes finden. In der vorliegenden Arbeit beziehen sich die Einkäufer bei der Beantwortung des Fragebogens auf Label des gehobenen mittleren bis hohen Genre der Mode der Bekleidungshersteller.[385] Demnach ist nachzuvollziehen, dass Einkäufer in diesem exklusiven Segment Fashionlabels bevorzugen, welche durch ihre modische Aktualität bzw. Trendgerechtigkeit und Qualität überzeugen. Eine hohe Funktionalität bewirkt hingegen negative Produktbewertungen, da diese im Modeluxusseg-

[385] Siehe Kapitel 4.2.3.

ment möglicherweise nicht im Einklang mit dem Luxusgedanken der Konsumenten steht. Die t-Werte der übrigen Indikatoren liegen unter dem geforderten Mindestwert von 1,98. Dennoch verbleiben diese Indikatoren in dem formativen Messmodell, um einen möglichen Validitätsverlust auszuschließen.[386] Der VIF zur Überprüfung der Mulikollinearität weist in dem vorliegenden Messmodell einen maximalen Wert von 2,532 auf und überschreitet somit bei keinem der Indikatoren den kritischen Wert von 10. Zur Überprüfung der Diskriminanzvalidität sind die Konstruktkorrelationen von Interesse; alle Korrelationen liegen deutlich unter der Grenze von 0,9. Insgesamt bestätigen die Ergebnisse der Gütebeurteilung die Reliabilität und Validität des Messmodells.

- **Zufriedenheit mit dem Vertriebspersonal**

Zur Operationalisierung des Konstrukts Zufriedenheit mit dem Vertriebspersonal finden fünf Indikatoren Berücksichtigung, welche auf das Instrumentarium von *Homburg/Rudolph* zurückgreifen.[387] Der Indikator „the knowledge of this suppliers salespeople regarding the usage conditions for his supplier's products within your company", welcher sich stark auf den Industriegüterbereich und den dort relevanten Produkten mit einem hohen Erklärungsbedarf (bspw. Installations- und Gebrauchsanweisungen für Maschinen) bezieht, ging nicht in die Betrachtung ein. Weiterhin kommt der Indikator „frequency of this supplier's salespeople visits to your company" nicht zum Einsatz, da laut Expertengespräch mit einer Vertrieblerin der Modedesignerin *Anja Gockel* nicht alle Fashionlabels Vertriebspersonen zu persönlichen Verkaufsgesprächen vor Ort bei dem Modehändler einsetzen. *Tabelle 13* liefert einen Überblick über die verbleibenden fünf Indikatoren. Die Stärke jedes einzelnen Indikators determiniert die Höhe der Zufriedenheit mit den Produkten, wobei die Veränderung eines Indikators nicht zwangsläufig Auswirkungen auf die übrigen Indikatoren hat. Demnach ist die beschriebene Operationalisierung formativer Art.

Die t-Werte aller Indikatoren liegen unterhalb des geforderten Wertes von 1,98 und deuten demnach auf keinen signifikanten Einfluss auf die Zufriedenheit des Einkäufers mit dem Vertriebspersonal des Fashionlabels hin. Eine Eliminierung der Indikatoren erfolgt jedoch nicht, da dies bei der vorliegenden formativen Operationalisierung eine ungewollte Veränderung des konzeptionellen Inhalts des Konstrukts bewirken würde. Die weiteren Gütekriterien DEV und

[386] Vgl. Bollen/Lennox (1991), S. 308.
[387] Vgl. Homburg/Rudolph (2001), S. 31.

Diskriminanzvalidität gelten als erfüllt, somit stellt das Inventar ein adäquates Instrument zur Messung der Zufriedenheit mit dem Vertriebspersonal dar.

Operationalisierung		
Indikatoren	**Gewichte**	**t-Wert**
Indikator 1: Mit dem Produktwissen des Vertriebspersonals bin ich zufrieden.	-1,158	1,236
Indikator 2: Mit der Problemlösungskompetenz des Vertriebspersonals bin ich zufrieden.	0,615	1,164
Indikator 3: Mit der Freundlichkeit des Vertriebspersonals bin ich zufrieden.	0,078	0,147
Indikator 4: Mit der Beständigkeit des Vertriebspersonals, das mich betreut, bin ich zufrieden.	1,205	1,344
Indikator 5: Mit der Reaktionszeit des Vertriebspersonals auf Anfragen bin ich zufrieden.	-0,041	0,087
Gütekriterien		
VIF	4,608 (< 10)	
Diskriminanzvalidität	0,481 < 0,9 [r < 0,9]	

Tabelle 13: Operationalisierung und Gütekriterien des Konstrukts Zufriedenheit mit dem Vertriebspersonal

- **Zufriedenheit mit der Auftragsabwicklung**

Die Messung des Konstrukts Zufriedenheit mit der Auftragsabwicklung basiert ebenfalls auf dem Inventar von *Homburg/Rudolph*.[388] Auf Basis ihrer Studie finden die vier Dimensionen Einhaltung der Liefertermine, Zuverlässigkeit des Orderprozesses, Dauer der Auftragsbestätigung und Liefergeschwindigkeit Eingang in die Betrachtung. Wie auch bei den zuvor beschriebenen Zufriedenheitskonstrukten verläuft die Kausalität von den Dimensionen, die als Indikatoren zur Messung des Konstrukts dienen, hin zum Konstrukt. Die Kombination der Indikatoren erklärt also das Konstrukt, demnach ist ein formatives Messmodell zu verwenden. Eine Betrachtung der t-Werte der einzelnen Indikatoren in *Tabelle 14* zeigt, dass Indikator 3 einen signifikanten Einfluss auf die Zufriedenheit mit dem Vertriebspersonal besitzt. Die übrigen Signifikanzwerte erfüllen den geforderten Mindestwert von 1,98 nicht. Aufgrund eines

[388] Vgl. Homburg/Rudolph (2001), S. 31.

möglichen Validitätsverlusts durch die Eliminierung einzelner Indikatoren bei einem formativen Messmodell verbleiben alle Indikatoren in der weiteren Analyse. Multikollinearität liegt nicht vor, da die Werte des Variance Inflation Factors alle unterhalb des kritischen Werts liegen (die höchste Ausprägung eines Indikators liegt bei 2,801). Auch das Kriterium der Diskriminanzvalidität ist erfüllt, da die Konstruktkorrelationen im Normbereich liegen. Insgesamt bestätigen die Ergebnisse die Eignung des formativen Messmodells.

Operationalisierung			
Indikatoren		**Gewichte**	**t-Wert**
Indikator 1: Mit der Einhaltung der Liefertermine bin ich zufrieden.		0,230	0,574
Indikator 2: Mit der Zuverlässigkeit des Orderprozesses bin ich zufrieden.		0,367	0,905
Indikator 3: Mit der Dauer der Auftragsbestätigung bin ich zufrieden.		0,844	2,568
Indikator 4: Mit der Liefergeschwindigkeit bin ich zufrieden.		-0,514	1,582
Gütekriterien			
VIF	2,801 (< 10)		
Diskriminanzvalidität	0,574 < 0,9 [r < 0,9]		

Tabelle 14: Operationalisierung und Gütekriterien des Konstrukts Zufriedenheit mit der Auftragsabwicklung

- **Zufriedenheit mit dem Service**

Um die Zufriedenheit der Kunden mit dem Service eines Anbieters zu überprüfen, existieren in der Literatur eine Vielzahl anerkannter Inventare, welche sich jeweils auf unterschiedliche Facetten der Servicezufriedenheit fokussieren.[389] Zu den dienstleistungsbezogenen Varianten gehören beispielsweise der SERVQUAL-Ansatz,[390] der SERVPERF-Ansatz[391] und der SERV-PERVAL-Ansatz.[392] In der vorliegenden Arbeit soll das Konstrukt erfassen, inwieweit die Einkäufer mit der Problemlösungskompetenz des Modeherstellers zufrieden sind. *Ofir/Simonson* legen dem Forscher ein fünf Indikatoren umfassendes, als reliabel und valide getestetes Inventar zur Hand, das dieser Anforderung gerecht wird und daher zur Operationa-

389 Vgl. z. B. Parasuraman/Zeithaml/Berry (1985); Parasuraman/Zeithaml/Berry (1991); Cronin/Taylor (1994); Tax/Brown/Chandrashekaran (1998); Sweeney/Soutar/Johnson (1999); Cronin/Brady/Hult (2000); Brady/Cronin (2001).

390 Vgl. Parasuraman/Zeithaml/Berry (1988).

391 Vgl. Cronin/Taylor (1992).

392 Vgl. Petrick (2002).

lisierung der Zufriedenheit mit dem Service Anwendung findet.[393] Eine Variation des Konstruktwerts führt zu einer Veränderung der vorliegenden Indikatoren, welche untereinander austauschbar sind. Demnach handelt es sich um ein reflektiv zu operationalisierendes Konstrukt. *Tabelle 15* stellt die Indikatoren und dessen Gütekriterien übersichtlich dar.

Die Faktorladungen und t-Werte aller Indikatoren ergaben ausnahmslos statistisch signifikante Werte, somit verbleiben alle Indikatoren in der Analyse. Zur Bewertung der Konvergenz des gewählten Messansatzes bedarf es sowohl der Berechnung der durchschnittlich erfassten Varianz (DEV) als auch der Konstruktreliabilität. Beide Kriterien erfüllen die geforderten Schwellenwerte von 0,6 bzw. 0,7. Auch die Ergebnisse der Diskriminanzvalidität und Vorhersagevalidität bestätigen die Stabilität des gewählten Messansatzes. Da die Indikatoren alle auf einen Faktor laden und die Kreuzladungen mit den Indikatoren anderer Konstrukte den kritischen Wert von 0,4 nicht übersteigen, ist das Kriterium Unidimensionalität ebenfalls erfüllt. Zusammenfassend sind die Reliabilität und die Validität des Messmodells durch alle Gütekriterien bestätigt.

Operationalisierung		
Indikatoren	**Faktorladung**	**t-Wert**
Indikator 1: Ich bin damit zufrieden, wie gut mein Anliegen aufgegriffen wurde.	0,914	22,756
Indikator 2: Mit der Reaktionsgeschwindigkeit auf mein Anliegen bin ich zufrieden.	0,931	25,061
Indikator 3: Mit dem Zeitraum in dem mein Anliegen gelöst wurde, bin ich zufrieden.	0,920	22,918
Indikator 4: Ich bin damit zufrieden, wie mir das Unternehmen entgegengekommen ist.	0,846	11,036
Indikator 5: Mit der Hilfestellung des Unternehmens bin ich zufrieden.	0,925	17,277

Gütekriterien			
DEV	0,824 (> 0,6)	**Vorhersagevalidität**	0,719 (> 0)
Konstruktreliabilität	0,959 (> 0,7)	**Unidimensionalität**	0,265 (< 0,4)
Diskriminanzvalidität	0,824 > 0,329 [DEV > r^2]		

Tabelle 15: Operationalisierung und Gütekriterien des Konstrukts Zufriedenheit mit dem Service

393 Vgl. Ofir/Simonson (2001), S. 172.

4.3.5 Einstellung

Das Konstrukt Einstellung gegenüber dem Fashionlabel ist der Kern des entwickelten Modells, da die zuvor beschriebenen Konstrukte die Einstellung beeinflussen und die Einstellung selbst einen direkten Einfluss auf die Kaufabsicht ausübt.[394] Die Konstrukte, die auf die Einstellung wirken, stellen spezifische Entscheidungskriterien im Orderentscheidungsprozess eines Fashionlabels dar. Hingegen überprüft das Konstrukt Einstellung gegenüber dem Fashionlabel, ob die Einkäufer generell positiv gegenüber ihrem Lieblingslabel eingestellt sind. Die Messung dieses Konstrukts erfolgt mit Hilfe des Fragenkatalogs von *Lafferty/Goldsmith*, welcher einen allgemeingültigen Charakter aufweist und sich daher auf den Kontext der vorliegenden Studie übertragen lässt. *Lafferty/Goldsmith* operationalisieren die Einstellung anhand eines semantischen Differentials mit den Ankerpunkten „good-bad", „favorable- unfavorable" und „satisfactory-unsatisfactory".[395] Diese Indikatoren gehen in der deutschen Übersetzung mit einer sieben stufigen Likert Skala in den Fragebogen ein. Da jeder einzelne Indikator das Konstrukt der Einstellung gegenüber dem Fashionlabel repräsentiert und diese untereinander austauschbar sind, liegt ein reflektives Messmodell vor. Aufgrund der zu geringen Faktorladung von 0,352 des Indikators „Mein Gesamteindruck von dem Label ist zufriedenstellend" ergab sich die Notwendigkeit, diesen Indikator aus der Untersuchung zu eliminieren. Die verbleibenden zwei Indikatoren und dessen Gütekriterien sind in *Tabelle 16* dargestellt.

<table>
<tr><th colspan="4">Operationalisierung</th></tr>
<tr><th colspan="2">Indikatoren</th><th>Faktorladung</th><th>t-Wert</th></tr>
<tr><td colspan="2">Indikator 1: Mein Gesamteindruck von dem Label ist gut.</td><td>0,868</td><td>6,921</td></tr>
<tr><td colspan="2">Indikator 2: Mein Gesamteindruck von dem Label ist positiv.</td><td>0,872</td><td>13,661</td></tr>
<tr><th colspan="4">Gütekriterien</th></tr>
<tr><td>DEV</td><td>0,757 (> 0,6)</td><td>Vorhersagevalidität</td><td>0,271 (> 0)</td></tr>
<tr><td>Konstruktreliabilität</td><td>0,862 (> 0,7)</td><td>Unidimensionalität</td><td>0,304 (< 0,4)</td></tr>
<tr><td>Diskriminanzvalidität</td><td colspan="3">0,757 > 0,383 [DEV > r²]</td></tr>
</table>

Tabelle 16: Operationalisierung und Gütekriterien des Konstrukts Einstellung gegenüber dem Fashionlabel

394 Siehe Kapitel 3.2.

395 Vgl. Lafferty/Goldsmith (1999), S. 112.

Die Faktorladungen der zwei verbleibenden Indikatoren weisen statistische Signifikanz auf. Auch die geforderten Werte der durchschnittlich erfassten Varianz, Konstruktreliabilität, Diskriminanzvalidität, Vorhersagevalidität sowie der Unidimensionalität können eingehalten werden, wonach die Qualität des Messmodells zur Operationalisierung der Einstellung gegenüber dem Fashionlabel bescheinigt ist.

4.3.6 Wiederkaufabsicht

Zur Operationalisierung der Wiederkaufabsicht findet das Inventar von *Cronin/Brady/Hult* Anwendung. Das Autorengespann misst die Kaufabsicht anhand der drei Indikatoren I_1 „The probability that I will use this___ again is [very low/very high]", I_2 „The likelihood that I would recommend this __ to a friend is [very low/very high]" und I_3 „ If I had to do it over again, I would make the same choice".[396] Diese Art der Operationalisierung ermöglicht jedoch keine eindeutige Zuordnung zu einem formativen oder reflektiven Messmodell. Die Indikatoren I_1 und I_2 reflektieren mit der Wiedernutzungsabsicht und Weiterempfehlungsabsicht zwei unterschiedliche Facetten der Kaufabsicht, dies spricht für eine formative Beziehung zwischen Indikator und Konstrukt. Andererseits ist der Inhalt des ersten und dritten Indikators sehr ähnlich, bei beiden Variablen steht die Wiedernutzungsabsicht im Vordergrund, was gegen eine formative Operationalisierung spricht. Um in der vorliegenden Arbeit entweder ein eindeutig formatives oder ein eindeutig reflektives Messmodell anzuwenden, wurde Indikator 3 von der Befragung eliminiert. Die Kausalität der verbleibenden Indikatoren I_1 und I_2 läuft somit von den Indikatoren hin zum Konstrukt. Die Änderung der Ausprägungen eines Indikators führt zu einer Variation des Konstruktwerts, ohne dass sich der Wert der übrigen Indikatorvariablen ändert. Demnach liegt ein eindeutig formatives Messmodell zugrunde.

Die Schätzung der t-Werte der Regressionskoeffizienten ergeben für beide Indikatoren statistisch signifikante Werte (vgl. *Tabelle 17*). Auch die Bewertung der Diskriminanzvalidität und Multikollinearität mit Hilfe des VIFs bescheinigen dem Iteminventar eine ausreichende Qualität zur Operationalisierung der Wiederkaufabsicht.

[396] Vgl. Cronin/Brady/Hult (2000), S. 213.

Operationalisierung		
Indikatoren	**Gewichte**	**t-Wert**
Indikator 1: Es ist sehr wahrscheinlich, dass ich das Label wieder ordere.	0,622	4,043
Indikator 2: Das Label würde ich weiterempfehlen.	0,589	3,654
Gütekriterien		
VIF	1,142 (< 10)	
Diskriminanzvalidität	0,619 < 0,9 [r < 0,9]	

Tabelle 17: Operationalisierung und Gütekriterien des Konstrukts Wiederkaufabsicht

4.3.7 Moderatoren

Die Konstrukte Beziehungsqualität, Länge der Geschäftsbeziehung und Kaufhäufigkeit gehen nicht direkt in das Kausalmodell ein, sie weisen hingegen einen moderierenden Einfluss auf Wirkungszusammenhänge innerhalb des Modells auf. Für diese Moderatoren erfolgt keine umfassende Gütebeurteilung, da die Faktorladungen und deren Signifikanzwerte nicht in die Modellschätzung eingehen. Der folgende Abschnitt umfasst daher ausschließlich die Operationalisierung der einzelnen moderierenden Konstrukte.

- **Beziehungsqualität**

Der Moderator Beziehungsqualität überprüft, inwieweit gute bzw. weniger vorteilhafte Geschäftsbeziehungen der Einkäufer zu ihrem Lieblingslabel Wirkungen auf das Orderverhalten ausüben. Um die latente Variable messbar zu machen, erfolgt der Rückgriff auf das Inventar von *DeWulf/Odekerken-Schröder/Iacobucci.*[397] Die drei als reliabel und valide getesteten Indikatoren gehen in der deutschen Übersetzung in den Fragebogen der vorliegenden Arbeit ein und sind *Tabelle 18* zu entnehmen.

Operationalisierung
Indikator 1: Ich bin glücklich mit der Leistung, die mir das Label entgegenbringt.
Indikator 2: Ich bin zufrieden mit der Geschäftsbeziehung, die ich zu dem Label habe.
Indikator 3: Die Beziehung die ich zu dem Label habe ist von hohem Wert.

Tabelle 18: Operationalisierung des Moderators Beziehungsqualität

[397] Vgl. DeWulf/Odekerken-Schröder/Iacobucci (2001), S. 47.

- **Länge der Geschäftsbeziehung**

Die Messung der Länge der Geschäftsbeziehung erfolgt über eine offene Frage. Die Probanden werden gebeten, die Dauer ihrer Geschäftsbeziehung zu ihrem Lieblingslabel in Jahren anzugeben (Vgl. *Tabelle 19*).

Operationalisierung
Indikator: Wie viele Jahre existiert eine Geschäftsbeziehung zu Ihrem Lieblingslabel?

Tabelle 19: Operationalisierung des Moderators Länge der Geschäftsbeziehung

- **Kaufhäufigkeit**

Die Kaufhäufigkeit beschreibt den Wiederholungsgrad des Kaufprozesses, welcher sich vom einmaligen Kauf bis hin zu regelmäßigen Routinekäufen erstrecken kann.[398] Der Ansatz von *Robinson/Faris/Wind* befasst sich mit dieser Thematik und unterscheidet nach dem Wiederholungsgrad einer Beschaffung die drei Klassen Neukauf, modifizierter Wiederkauf und identischer Wiederkauf, [399] welche Gegenstand des *Kapitels 2.2.3* sind. Zur Messung der Kaufhäufigkeit kommt das als reliabel und valide getestete Iteminventar von *Bausback* zum Einsatz, welches auf einer Studie von *Anderson/Chu/Weitz* basiert.[400] Die zwei Indikatoren zur Operationalisierung der latenten Variable Kaufhäufigkeit sind in *Tabelle 20* dargestellt.

Operationalisierung
Indikator 1: Ich ordere das Label sehr regelmäßig.
Indikator 2: Das Ordern des Labels ist für mich Routine.

Tabelle 20: Operationalisierung des Moderators Kaufhäufigkeit

4.4 Darstellung der Schätzergebnisse auf Strukturmodellebene

Nachdem sich das Messinstrumentarium als reliabel und valide erwiesen hat, erfolgt in diesem Kapitel die Schätzung der Beziehungen innerhalb des Strukturmodells, um die in *Kapitel 3* theoretisch abgeleiteten Hypothesen empirisch überprüfen zu können. Zur Beurteilung, ob das Strukturmodell in seiner Gesamtheit die Realität in angemessener Art und Weise widerspiegelt, dienen die in *Kapitel 4.1.2* angeführten Gütekriterien für Strukturmodelle.

[398] Vgl. Backhaus/Voeth (2010), S. 76.
[399] Vgl. Robinson/Faris/Wind (1967), S. 14.
[400] Vgl. Bausback (2007), S. 271; Anderson/Chu/Weitz (1987), S. 77.

Hypothese	Pfadkoeffi-zient	t-Wert	Prüfung der Hypothese
H_1: Je höher der empfundene Fit zwischen dem Fashionlabel und dem Modehändler, desto positiver ist die Einstellung gegenüber dem Fashionlabel.	-0,031	0,360	Abgelehnt
H_2: Je höher der empfundene Fit zwischen dem Fashionlabel und dem Endkunden, desto positiver ist die Einstellung gegenüber dem Fashionlabel.	-0,015	0,148	Abgelehnt
H_3: Je höher die personale Identifikation des Einkäufers mit dem Fashionlabel, desto positiver ist die Einstellung gegenüber dem Fashionlabel.	0,008	0,065	Abgelehnt
H_4: Je positiver die Einstellung gegenüber den B2B-Kommunikationsmaßnahmen, desto positiver ist die Einstellung gegenüber dem Fashionlabel.	0,011	0,157	Abgelehnt
H_5: Je positiver die Einstellung gegenüber den B2C-Kommunikationsmaßnahmen, desto positiver ist die Einstellung gegenüber dem Fashionlabel.	0,081	0,560	Abgelehnt
H_6: Je höher die Zufriedenheit mit den Produkten, desto positiver ist die Einstellung gegenüber dem Fashionlabel.	0,290	2,368	Beibehalten
H_7: Je höher die Zufriedenheit mit dem Vertriebspersonal, desto positiver ist die Einstellung gegenüber dem Fashionlabel.	0,116	0,799	Abgelehnt
H_8: Je höher die Zufriedenheit mit der Auftragsabwicklung, desto positiver ist die Einstellung gegenüber dem Fashionlabel.	0,260	2,421	Beibehalten
H_9: Je höher die Zufriedenheit mit dem Service, desto positiver ist die Einstellung gegenüber dem Fashionlabel.	-0,078	0,561	Abgelehnt
H_{10}: Je positiver die Einstellung gegenüber dem Fashionlabel, desto höher ist die Wiederkaufabsicht für das Fashionlabel.	0,619	4,678	Beibehalten

Tabelle 21: Ergebnisse der Hypothesenprüfung auf Strukturmodellebene

Zunächst gilt es, die nomologische Validität des Strukturmodells zu beurteilen, um eine Aussage darüber treffen zu können, ob die hypothetischen Beziehungen zwischen den Modellverbindungen signifikant sind. Dazu werden die mittels PLS-Graph generierten Pfadkoeffizienten herangezogen, welche Aufschluss über die Stärke des Einflusses eines Konstrukts auf ein kausal nachfolgendes Konstrukt geben. Zur Gütebeurteilung der Pfadkoeffizienten dienen deren Höhe und Signifikanzen auf Basis von t-Werten. Um die Beibehaltung einer Hypothese empirisch zu rechtfertigen, sollen t-Werte der Pfadkoeffizienten bei einem zweiseitigen t-Test und einem Signifikanzniveau von 5% über einem Wert von 1,98 liegen.[401] Liegen die t-Werte hingegen unterhalb des geforderten Schwellenwertes von 1,98, so findet der theoretisch hergeleitete Zusammenhang in der realen Welt keine Bestätigung, wonach die Hypothese abgelehnt werden sollte. *Tabelle 21* stellt die Ergebnisse der Hypothesenprüfung dar. Die Hypothesen 1, 2, 3, 4, 5, 7 und 9 finden aufgrund nicht signifikanter t-Werte keine Bestätigung. Beibehalten wurden die kausalen Zusammenhänge der Hypothesen 6, 8 und 10, da ihre t-Werte den kritischen Wert von 1,98 übersteigen.

Im Folgenden interessiert, zu welchem Ausmaß die exogenen Konstrukte die zwei endogenen Konstrukte Einstellung und Wiederkaufabsicht erklären können. Dafür lässt sich der durch die vorgelagerten exogenen Größen erklärte Varianzanteil eines endogenen Konstrukts über das Bestimmtheitsmaß R^2 ermitteln.[402] Hohe R^2-Werte bedeuten, dass die kausal vorgelagerten Größen das endogene Konstrukt ausreichend gut erklären und wenig weitere, nicht in dem Modell einbezogene Größen existieren, welche ebenfalls Einfluss auf das Konstrukt ausüben.

Endogenes Konstrukt	**Erklärte Varianz R^2**
Einstellung	0,221
Wiederkaufabsicht	0,384

Tabelle 22: Evaluation der endogenen Konstrukte auf Strukturmodellebene

Die Ergebnisse der PLS-Schätzung verdeutlichen, dass das Zielkonstrukt Wiederkaufabsicht ein R^2 von 0,384 aufweist (vgl. *Tabelle 22*). In dem Modell der vorliegenden Arbeit erklärt somit die Einstellung gegenüber dem Fashionlabel über 38% der Varianz der Wiederkaufabsicht bzw. der Absicht der Einkäufer ihr Lieblingsfashionlabel erneut zu ordern. Im Allgemeinen sieht man für das R^2 ein Mindestwert von 0,3 als wünschenswert an.[403] Während die Wiederkaufabsicht dieses Kriterium eindeutig erfüllen kann, liegt das R^2 der Einstellung von 0,22 unterhalb der geforderten Norm von 0,3. Da in diesem Modell jedoch lediglich die zwei exogenen Konstrukte Zufriedenheit mit dem Produkt (H_6) und Zufriedenheit mit der Auftragsabwicklung (H_9) die Einstellung signifikant beeinflussen, kann der Determinationskoeffizient als hinreichend gut angesehen werden.

401 Siehe Kapitel 4.1.2.
402 Vgl. Fornell/Cha (1994), S. 69; Hulland (1999), S. 202.
403 Vgl. Huber et al. (2005), S. 35.

	Korrigiertes R^2	VIF
Geringste Ausprägung	0,124	1,142
Höchste Ausprägung	0,428	1,748

Tabelle 23: Multikollinearitätsprüfung für das Konstrukt Einstellung auf Strukturmodellebene

Weiterhin gilt es, das Strukturmodell auf Multikollinearität zu überprüfen. Analog zum Messmodell erfolgt die Prüfung mittels Regressionsanalyse, hierbei stehen jedoch die ein endogenes Konstrukt erklärenden latenten Faktoren und nicht die Indikatoren im Vordergrund. In der vorliegenden Arbeit kann Multikollinearität nur in Bezug auf die Einstellung vorliegen, da es das einzige endogene Konstrukt ist, das zwei oder mehr latente Größen determinieren. Daher erfolgt die Multikollinearitätsprüfung nur für das Einstellungskonstrukt. Der Variance Inflation Factor (VIF) gibt Aufschluss darüber, ob eine ungewünschte Multikollinearität vorliegt und sollte den Wert von 10 nicht übersteigen.[404] Die Spannweite der VIF-Werte dieses Modells erstreckt sich von 1,142 bis zur höchsten Ausprägung von 1,748 (vgl. *Tabelle 23*). In diesem Untersuchungsmodell liegt der VIF-Wert aller exogenen, die Einstellung beeinflussenden Faktoren unterhalb des kritischen Werts von 10, womit keine Multikollinearität vorliegt.

Endogenes reflektives Konstrukt	Stone-Geissers Q^2
Einstellung	-0,226

Tabelle 24: Vorhersagevaliditätsprüfung auf Strukturmodellebene

Abschließend erfolgt eine Bewertung der Vorhersagevalidität der endogenen, reflektiven Konstrukte. Wie auch im Messmodell dient das Stone-Geissers Q^2 als Indikator der Vorhersagevalidität, wobei auf Strukturmodellebene nicht die Kommunalität sondern die Redundanzen im Vordergrund stehen.[405] Dabei gilt die Regel, dass Vorhersagevalidität für ein betrachtetes Konstrukt vorliegt, wenn das Stone-Geissers Q^2 einen Wert über Null annimmt. Da die Vorhersagevalidität ausschließlich für endogene, reflektive Konstrukte überprüft werden kann, erfolgt nur die Berechnung für das Konstrukt Einstellung. Dieses weist einen negativen Q^2-Wert von -0,226 auf, wonach die Einstellung keine ausreichende Vorhersagevalidität be-

[404] Vgl. Huber et al. (2005), S. 36.
[405] Vgl. Fornell/Cha (1994), S. 72 f.

sitzt. Dies ist nicht verwunderlich, da die Vorhersagevalidität in Verbindung zu der erklärten Varianz steht, die bei dem Einstellungskonstrukt unterhalb des Normwertes von 0,3 liegt. Demnach deutet auch die Überprüfung der Vorhersagevalidität darauf hin, dass in der Realität weitere nicht in dem Modell berücksichtigte Faktoren der Einstellungsbildung vorliegen.

Zusammenfassend kann festgehalten werden, dass die Hypothesen 6, 8 und 10 der Konfrontation mit dem empirischen Datenmaterial standgehalten haben und demnach auch in der realen Welt Bestätigung finden. Die nachfolgende *Abbildung 9* stellt die kausalen Beziehungen der Konstrukte und ihre Pfadkoeffizienten sowie die zugehörigen t-Werte (in Klammern dargestellt) und die R^2-Werte der endogenen Konstrukte im Überblick dar.

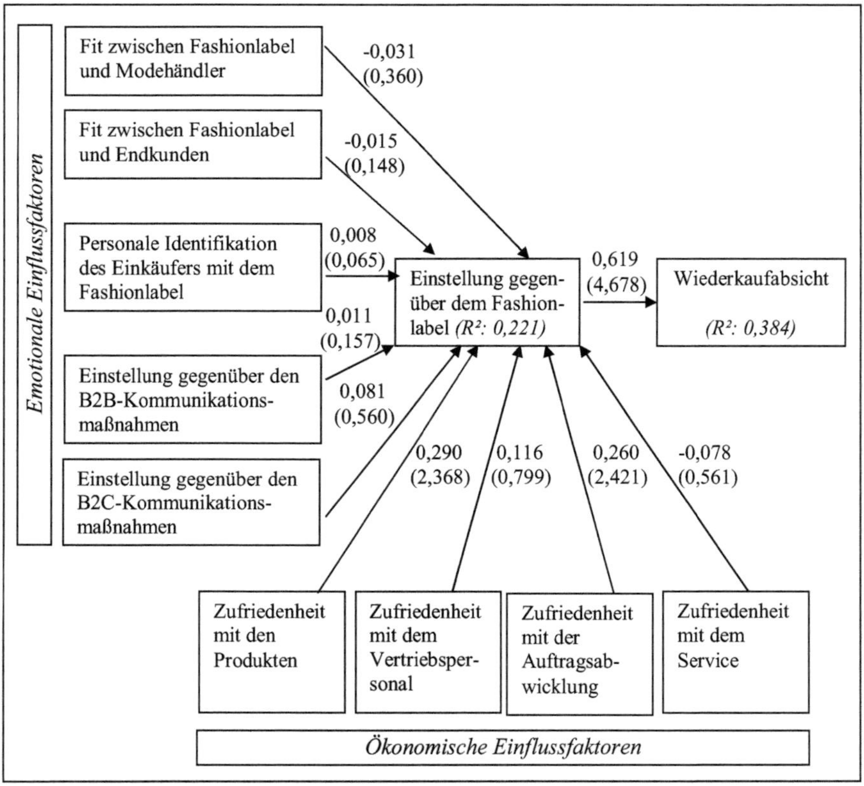

Abbildung 9: Ergebnisse der Gütebeurteilung des Strukturmodells

4.5 Ergebnisse der Gruppenvergleiche

Ziel des folgenden Abschnitts ist die Untersuchung des Kausalmodells auf Veränderungen in den Wirkungsbeziehungen, die sich aufgrund unterschiedlicher Ausprägungen der Moderatoren Beziehungsqualität, Länge der Geschäftsbeziehung und Kaufhäufigkeit ergeben. Entsprechend den in *Kapitel 3.5* aufgestellten Hypothesen 11, 12 und 13 ist insbesondere von Interesse, ob die Modellzusammenhänge in Abhängigkeit der Moderatoren signifikante Unterschiede aufweisen. Dies überprüft der durchgeführte Gruppenvergleich. Dabei erfolgt zunächst eine Unterteilung der Probanden entsprechend der Ausprägungen ihrer Beziehungsqualität (hoch/niedrig) bzw. Länge der Geschäftsbeziehung (lang/kurz) und Kaufhäufigkeit (selten/oft) in Teilgruppen. Für jede Gruppe ist anschließend das Modell zu schätzen. Darauf aufbauend lässt sich die Differenz zwischen zwei Schätzparametern berechnen, hierfür findet die von *Chin* postulierte Formel für den t-Wert Anwendung.[406] Nach *Chin* ist die Prüfung von Messmodellinvarianz notwendige Voraussetzung für die Durchführung des Gruppenvergleichs. Diese fordert, dass die Messmodelle der Teilgruppen statistisch nicht signifikant voneinander abweichen. Um die Anforderung der Messmodellinvarianz zu erfüllen und eine uneingeschränkte Anwendung des Gruppenvergleichs zu ermöglichen, erfolgt die Messung sämtlicher Konstrukte anhand der im Rahmen der Gütebeurteilung auf Gesamtmodelleben als reliabel und valide identifizierten Messansätze.[407]

- **Beziehungsqualität als Moderator**

Zur Überprüfung, ob eine niedrige bzw. hohe Beziehungsqualität signifikante Unterschiede in den Wirkungszusammenhängen des Untersuchungsmodells bewirkt (H_{11}), erfolgt in der vorliegenden Arbeit zunächst eine Aufteilung der Gesamtstichprobe anhand des Mediansplits in zwei Gruppen. Wie erinnerlich, dient eine Skala von 1-7 zur Operationalisierung der Indikatoren, wobei der Anfangspunkt 1 den Wortlaut „Stimme überhaupt nicht zu" und der Endpunkt 7 „Stimme voll zu" widerspiegelt. Probanden mit einem durchschnittlichen Skalenwert über alle drei Indikatoren, welcher kleiner oder gleich 5,667 ist, sind in der Gruppe „niedrige Beziehungsqualität". Die Gruppe „hohe Beziehungsqualität" umfasst Probanden mit einem durchschnittlichen Skalenwert größer 5,667. Insgesamt setzt sich die Gruppe der Einkäufer, welche eine niedrige Beziehungsqualität besitzen, aus 52 Probanden zusammen. Die zweite Gruppe mit einer hohen Beziehungsqualität besteht aus 66 Einkäufern.

---

[406] Vgl. Chin (2000).
[407] Siehe Kapitel 4.3.

Um eine Aussage darüber treffen zu können, ob diese vorgenommene Einteilung zur Durchführung eines Gruppenvergleichs geeignet ist, wird ein Manipulationscheck[408] mittels t-Test durchgeführt. Der t-Test vergleicht dabei die Mittelwerte der beiden unabhängigen Stichproben. Die Nullhypothese „die Mittelwerte beider Gruppen sind gleich" ist bis zu einem Signifikanzniveau 0,05 beizubehalten, alle Werte kleiner oder gleich 0,05 weisen auf Signifikanz und damit Ablehnung der Nullhypothese hin. Einen Überblick über die Faktoren dieses Tests liefert *Tabelle 25.* Der t-Wert für die Mittelwertgleichheit der Gruppen niedrige Beziehungsqualität und hohe Beziehungsqualität nimmt einen Wert von 13,968 an und hat ein Signifikanzniveau von 0,000. Da in der vorliegenden Arbeit mit einem Signifikanzwert von 0,000 (< 0,05) Signifikanz vorliegt, ist die Nullhypothese abzulehnen. Im Ergebnis führt die vorgenommene Gruppierung zu einer ausreichend hohen Diskriminanz, die Unterschiede in der durchschnittlichen Beziehungsqualität zwischen beiden Gruppen haben sich als signifikant bestätigt.

Gruppe	Stichprobengröße	Mittelwert	Standardfehler	t-Test für Mittelwertgleichheit		Ergebnis
				t-Wert	**Signifikanz**	
Niedrige Beziehungsqualität	**52**	4,87	0,111	13,968	0,000	✓
Hohe Beziehungsqualität	**66**	6,60	0,055			

Tabelle 25: Manipulationscheck mittels t-Test für den Moderator Beziehungsqualität

Nach der erfolgreichen Einteilung der Gesamtstichprobe in zwei Teilgruppen erfolgt im nächsten Schritt die Schätzung der Strukturparameter. Vor der Interpretation der resultierenden Wirkungszusammenhänge steht jedoch die Gütebeurteilung des Strukturmodells im Vordergrund. Analog zur Gütebeurteilung des Strukturmodells des vorherigen *Kapitels 4.4*, erfolgt die Berechnung der Determinationskoeffizienten R^2 sowie der Vorhersagevalidität mittels Stone-Geissers Q^2 für beide Gruppen. Die R^2-Werte für die endogenen Konstrukte Einstellung und Wiederkaufabsicht der ersten Gruppe niedrige Beziehungsqualität liegen über dem geforderten Mindestwert von 0,3, wie anhand *Tabelle 26* ersichtlich. Somit lässt sich

[408] Vgl. z. B. Russo/Meloy/Wilks (2000), S. 18 ff.; Wheatley /Haidt (2005), S. 10 f.

konstatieren, dass die vorgeschalteten exogenen Größen gut geeignet sind, die Einstellung und Wiederkaufabsicht der Einkäufer mit niedriger Beziehungsqualität zu erklären. Innerhalb der Gruppe mit hoher Beziehungsqualität überschreitet die Varianzerklärung für das Konstrukt Wiederkaufabsicht ebenfalls den kritischen Wert. Die Varianz der Einstellung wird in der zweiten Gruppe mit einem R^2 von 0,156 nicht ausreichend erklärt. Als weiteres Gütekriterium lässt sich die Vorhersagevalidität der Teilgruppen für das endogene, reflektive Konstrukt Einstellung mittels Stone-Geissers Q^2 ermitteln, welches positive Werte aufweisen soll. Beide Teilstichproben erfüllen das Gütekriterium nicht. Eine mögliche Erklärung liegt unter anderem in der kleinen Stichprobengröße und in dem niedrigen R^2-Wert der Gruppe mit hoher Beziehungsqualität.

Gruppe „niedrige Beziehungsqualität"	**R^2**	**Q^2**
Einstellung	0,502	-0,024
Wiederkaufabsicht	0,396	----
Gruppe „hohe Beziehungsqualität"	**R^2**	**Q^2**
Einstellung	0,156	-0,460
Wiederkaufabsicht	0,364	----

Tabelle 26: Gütekriterien zur Beurteilung des Strukturmodells für den Moderator Beziehungsqualität

Nach der Gütebeurteilung des Strukturmodells, erfolgt im nächsten Schritt eine getrennte Hypothesenprüfung für die Teilgruppen. Eine Übersicht über die Prüfkriterien liefert *Tabelle 27*. Im Ergebnis kann für beide Gruppen die Hypothese 10 beibehalten werden, da sowohl der t-Wert der Einkäufer mit einer niedrigen Beziehungsqualität als auch der t-Wert der Einkäufer mit einer hohen Beziehungsqualität auf einen signifikanten Einfluss der Einstellung auf die Wiederkaufabsicht hinweist (t-Werte > 1,98). Die weiteren Hypothesen 1-9 werden aufgrund niedriger t-Werte abgelehnt, wobei darauf hinzuweisen ist, dass für die Gruppe mit niedriger Beziehungsqualität die Hypothese 6 des Konstrukts Zufriedenheit mit den Produkten (H_6) auf einem Signifikanzniveau von 10% beizubehalten ist. Eine Betrachtung der Höhe der Pfadkoeffizienten weist auf Unterschiede zwischen den Teilgruppen hin. Mit Ausnahme der Hypothese 3 liegen alle t-Werte der Gruppe niedrige Beziehungsqualität über den t-Werten der zweiten Subgruppe. Dies deutet darauf hin, dass die Modellkonstrukte für die Einkäufer mit niedriger Beziehungsqualität einen stärkeren Einfluss ausüben. Dies steht im Einklang mit der im vorangegangenen Abschnitt geprüften erklärten Varianz, welche für die Gruppe niedrige Beziehungsqualität deutlich höher ist.

Um eine Aussage darüber treffen zu können, ob der Moderator Beziehungsqualität einen signifikanten Einfluss auf die Modellbeziehungen zur Erklärung des Orderverhaltens hat, gilt es das für beide Gruppen geschätzte Modell auf Unterschiede in den Schätzern zu untersuchen.[409] Zur Bestimmung der t-Werte für die Differenz zwischen zwei Schätzern, wird in der vorliegenden Arbeit folgende Formel nach *Chin* (2000) eingesetzt:[410]

$$t = \frac{p_x^1 - p_x^2}{S * \sqrt{\frac{1}{m} + \frac{1}{n}}}$$

mit

$$S = \sqrt{\frac{(m-1)^2}{m+n-2} * (\sigma(p_x^1))^2 + \frac{(n-1)^2}{m+n-2} * (\sigma(p_x^2))^2}$$

wobei

m	= Größe der ersten Stichprobe (hier: „niedrige Beziehungsqualität“)
n	= Größe der zweiten Stichprobe (hier: „hohe Beziehungsqualität“)
p_x^1 bzw. p_x^2	= Schätzer des Originalsamples bezüglich der interessierenden Modellassoziation in beiden Stichproben
$\sigma(p_x^1)$ bzw. $\sigma(p_x^2)$	= Standardfehler des für das Modell generierten Bootstrap-Samples

Dabei bedeutet ein t-Wert größer 1,66, dass ein Unterschied auf 10% Signifikanzniveau zwischen den Teilgruppen besteht. In der vorliegenden Arbeit erfüllen diesen kritischen Wert die Hypothesen 7 und 8 (vgl. *Tabelle 27*). Demnach bewirkt der Moderator Beziehungsqualität einen signifikanten Unterschied zwischen den Gruppen der Einkäufer mit niedriger und hoher Beziehungsqualität für den Einfluss der Zufriedenheit mit dem Vertriebspersonal (H_7) und der Zufriedenheit mit der Auftragsabwicklung (H_8).

[409] Vgl. Huber et al. (2007), S. 118.
[410] Vgl. Huber et al. (2007), S. 118 f.

Hypothese	Gruppe „niedrige Beziehungsqualität“		Gruppe „hohe Beziehungsqualität“		t-Wert der Differenz	Ergebnis
	Pfad	t-Wert	Pfad	t-Wert		
H_1: Je höher der empfundene Fit zwischen dem Fashionlabel und dem Modehändler, desto positiver ist die Einstellung gegenüber dem Fashionlabel.	0,094	0,898	-0,018	0,141	0,661	x
H_2: Je höher der empfundene Fit zwischen dem Fashionlabel und dem Endkunden, desto positiver ist die Einstellung gegenüber dem Fashionlabel.	0,125	0,896	-0,044	0,423	1,000	x
H_3: Je höher die personale Identifikation des Einkäufers mit dem Fashionlabel, desto positiver ist die Einstellung gegenüber dem Fashionlabel.	-0,074	0,594	-0,143	0,847	0,316	x
H_4: Je positiver die Einstellung gegenüber den B2B-Kommunikationsmaßnahmen, desto positiver ist die Einstellung gegenüber dem Fashionlabel.	0,082	0,848	-0,048	0,399	0,816	x
H_5: Je positiver die Einstellung gegenüber den B2C-Kommunikationsmaßnahmen, desto positiver ist die Einstellung gegenüber dem Fashionlabel.	0,119	0,903	0,131	0,791	-0,055	x
H_6: Je höher die Zufriedenheit mit den Produkten, desto positiver ist die Einstellung gegenüber dem Fashionlabel.	0,304	1,854	-0,066	0,289	1,261	(✓)
H_7: Je höher die Zufriedenheit mit dem Vertriebspersonal, desto positiver ist die Einstellung gegenüber dem Fashionlabel.	0,246	1,575	-0,227	1,141	1,809	✓
H_8: Je höher die Zufriedenheit mit der Auftragsabwicklung, desto positiver ist die Einstellung gegenüber dem Fashionlabel.	0,207	1,614	-0,17	0,984	1,685	✓
H_9: Je höher die Zufriedenheit mit dem Service, desto positiver ist die Einstellung gegenüber dem Fashionlabel.	-0,054	0,381	0,03	0,165	-0,352	x
H_{10}: Je positiver die Einstellung gegenüber dem Fashionlabel, desto höher ist die Wiederkaufabsicht für das Fashionlabel.	0,629	4,435	0,603	2,445	0,086	x

Tabelle 27: Hypothesenprüfung für den Moderator Beziehungsqualität

Unter Berücksichtigung der Höhe der Pfadkoeffizienten hat die Zufriedenheit mit dem Vertriebspersonal und der Auftragsabwicklung für die Einkäufer mit niedriger Beziehungsqualität eine signifikant höhere Bedeutung. Der errechnete t-Wert der Differenz für Hypothese 6 liegt mit 1,261 unterhalb des Schwellenwerts, dennoch lässt sich aufgrund der Ergebnisse der Pfadkoeffizienten ein Unterschied zwischen den Teilgruppen annehmen. So kann man die Hypothese 6 für die Gruppe niedrige Beziehungsqualität auf 10% Signifikanzniveau beibehalten, wohingegen diese Hypothese für die Gruppe hohe Beziehungsqualität abzulehnen ist. Für Einkäufer mit einer niedrigen Beziehungsqualität ist die Zufriedenheit mit den Produkten demnach signifikant wichtiger.

- **Länge der Geschäftsbeziehung als Moderator**

Analog dem Vorgehen des vorherigen Abschnitts erfolgt in einem ersten Schritt zur Durchführung des Gruppenvergleichs die Aufteilung der Stichprobe anhand des Moderators Länge der Geschäftsbeziehung in zwei etwa gleich große Gruppen. Probanden, welche unter 10 Jahre in einer Geschäftsbeziehung zu dem Lieblingslabel stehen, gehen in die Gruppe „kurze Geschäftsbeziehung" ein. Probanden mit einer Geschäftsbeziehung über 9 Jahren sind in die Gruppe „lange Geschäftsbeziehung" eingeteilt. Insgesamt umfasst die erste Gruppe kurze Geschäftsbeziehung 58 Einkäufer, die zweite Gruppe setzt sich aus 60 Einkäufern zusammen. Ob die gewünschten Unterschiede zwischen den Gruppen signifikant sind und damit eine der Voraussetzungen zur Durchführung eines Gruppenvergleichs erfüllt ist, wird analog dem Vorgehen bei dem Moderator Beziehungsqualität des vorherigen Abschnitts, mittels t-Test überprüft. Die ermittelten Werte sind in *Tabelle* 28 dargestellt.

Gruppe	Stichprobengröße	Mittelwert	Standardfehler	t-Test für Mittelwertgleichheit		Ergebnis
				t-Wert	**Signifikanz**	
Kurze Geschäftsbeziehung	58	4,16	0,302	11,238	0,000	✓
Lange Geschäftsbeziehung	60	16,82	1,085			

Tabelle 28: Manipulationscheck mittels t-Test für den Moderator Länge der Geschäftsbeziehung

Die Mittelwerte der Teilgruppen weisen eine Differenz von 12,66 auf, ob dieser Unterschied auch signifikant ist, zeigt ein t-Test. Der resultierende t-Wert von 11,238 weist einen Signifikanzwert von 0,000 auf. Dies bedeutet, dass die Nullhypothese mit einem Signifikanzniveau von 0,000 abzulehnen ist. Somit unterscheidet sich die Länge der Geschäftsbeziehung der Gruppe kurze Geschäftsbeziehung signifikant von der Länge der Geschäftsbeziehung der Gruppe lange Geschäftsbeziehung. Die vorgenommene Gruppierung eignet sich demzufolge sehr gut zur Durchführung eines Gruppenvergleichs.

Zur Überprüfung der theoretischen Plausibilität sowie der Güte der Strukturmodelle beider Teilgruppen eignen sich in einem nächsten Schritt der jeweilige R^2-Wert und das Stone-Geissers Q^2. Eine Übersicht über diese Gütekriterien liefert *Tabelle 29*. Die Varianzerklärung der ersten Gruppe kann man für beide Konstrukte Einstellung und Wiederkaufabsicht, unter Berücksichtigung der kleinen Stichprobe, als sehr gut bewerten, da die R^2-Werte deutlich über dem kritischen Wert von 0,3 liegen. In der zweiten Gruppe lange Geschäftsbeziehung erklären die vorgelagerten Größen die Varianz der Einstellung mit einem R^2 von 0,412 sehr gut. Der R^2-Wert der Wiederkaufabsicht kann den geforderten Mindestwert nicht erreichen. Die Vorhersagevalidität ist für das Einstellungskonstrukt in der zweiten Gruppe bestätigt, innerhalb der ersten Gruppe ist das Gütekriterium aufgrund des negativen Vorzeichens des Q^2-Werts nicht erfüllt.

Gruppe „kurze Geschäftsbeziehung“	**R^2**	**Q^2**
Einstellung	0,335	-0,234
Wiederkaufabsicht	0,581	----
Gruppe „lange Geschäftsbeziehung“	**R^2**	**Q^2**
Einstellung	0,412	0,093
Wiederkaufabsicht	0,238	----

Tabelle 29: Gütekriterien zur Beurteilung des Strukturmodells für den Moderator Länge der Geschäftsbeziehung

Zur Überprüfung, ob der Moderator Länge der Geschäftsbeziehung Einfluss auf die Modellbeziehungen ausübt, dienen die t-Werte nach *Chin* (2000), welche in *Tabelle 30* dargestellt sind.

Hypothese	Gruppe „kurze Geschäftsbeziehung"		Gruppe „lange Geschäftsbeziehung"		t-Wert der Differenz	Ergebnis
	Pfad	t-Wert	Pfad	t-Wert		
H_1: Je höher der empfundene Fit zwischen dem Fashionlabel und dem Modehändler, desto positiver ist die Einstellung gegenüber dem Fashionlabel.	-0,165	**1,243**	-0,01	**0,072**	-0,811	x
H_2: Je höher der empfundene Fit zwischen dem Fashionlabel und dem Endkunden, desto positiver ist die Einstellung gegenüber dem Fashionlabel.	0,101	**0,624**	0,092	**0,588**	0,040	x
H_3: Je höher die personale Identifikation des Einkäufers mit dem Fashionlabel, desto positiver ist die Einstellung gegenüber dem Fashionlabel.	0,062	**0,383**	0,022	**0,158**	0,189	x
H_4: Je positiver die Einstellung gegenüber den B2B-Kommunikationsmaßnahmen, desto positiver ist die Einstellung gegenüber dem Fashionlabel.	0,087	**0,804**	-0,074	**0,466**	0,840	x
H_5: Je positiver die Einstellung gegenüber den B2C-Kommunikationsmaßnahmen, desto positiver ist die Einstellung gegenüber dem Fashionlabel.	0,026	**0,168**	0,033	**0,157**	-0,027	x
H_6: Je höher die Zufriedenheit mit den Produkten, desto positiver ist die Einstellung gegenüber dem Fashionlabel.	0,329	**1,116**	0,348	**1,727**	-0,054	x
H_7: Je höher die Zufriedenheit mit dem Vertriebspersonal, desto positiver ist die Einstellung gegenüber dem Fashionlabel.	0,289	**1,396**	-0,01	**0,038**	0,896	x
H_8: Je höher die Zufriedenheit mit der Auftragsabwicklung, desto positiver ist die Einstellung gegenüber dem Fashionlabel.	0,248	**1,642**	0,284	**1,819**	-0,167	(✓)
H_9: Je höher die Zufriedenheit mit dem Service, desto positiver ist die Einstellung gegenüber dem Fashionlabel.	0,102	**0,783**	0,066	**0,290**	0,137	x
H_{10}: Je positiver die Einstellung gegenüber dem Fashionlabel, desto höher ist die Wiederkaufabsicht für das Fashionlabel.	0,762	6,822	0,488	2,287	1,136	x

Tabelle 30: Hypothesenprüfung für den Moderator Länge der Geschäftsbeziehung

Im Ergebnis bestätigt der t-Test keine signifikanten Unterschiede zwischen den beiden Gruppen. Die Unterschiede in den Ergebnissen für die Beibehaltung bzw. Ablehnung der Hypothese 8 lassen jedoch auf einen moderierenden Einfluss schließen. Während diese Hypothese bei der zweiten Gruppe auf einem Signifikanzniveau von 10% Bestätigung findet, ist sie für die erste Gruppe zu verwerfen. Allerdings ist dieser Unterschied als schwach zu bewerten, da die t-Werte beider Gruppen nur minimal differieren und der t-Wert von 1,642 für die erste Gruppe nur knapp unterhalb des geforderten Werts von 1,66 zur Beibehaltung der Hypothese liegt.

- **Kaufhäufigkeit als Moderator**

Die Kaufhäufigkeit des Lieblingsfashionlabels stellt einen moderierenden Einfluss dar. In einem ersten Schritt erfolgt die Sichtung des Datenmaterials der Gesamtstichprobe, um eine sinnvolle Einteilung in Subgruppen vorzunehmen. Hierzu erfolgt zunächst die Berechnung des Durchschnitts über beide Indikatoren zur Messung der Kaufhäufigkeit.[411] Die resultierenden Durchschnittswerte liegen so dicht beieinander, dass eine Einteilung in zwei Gruppen nicht sinnvoll erscheint. Bei einer Einteilung nach dem Mediansplit von 50% mit der niedrigsten und 50% mit der höchsten Kaufhäufigkeit, würde die Gruppe mit niedriger Kaufhäufigkeit alle Probanden mit einem Durchschnittswert kleiner 7 und die zweite Gruppe alle Einkäufer mit einem Durchschnittswert von 7 umfassen. Dies impliziert jedoch, dass ein Großteil der Stichprobe mit einem hohen Durchschnittswert von 6,5 in der Gruppe „niedrige Kaufhäufigkeit" liegt, was zu nicht akzeptabel interpretierbaren Ergebnissen führt. Eine zweite Möglichkeit besteht grundsätzlich darin, die Stichprobe anhand niedriger (bspw. 1-5,5) bzw. hoher (bspw. 6-7) Durchschnittswerte zu unterteilen. Dies würde in der vorliegenden Arbeit aufgrund der einseitigen Verteilung der Datensätze jedoch zu erheblichen Größenunterschieden der Gruppen führen. So würden nur ca. 10 Probanden (ca. 9% der Befragten) in die Gruppe niedrige Kaufhäufigkeit eingeteilt werden. Die Schätzung des Modells für so kleine Stichproben ist mittels PLS nicht möglich und auch unter den Gesichtspunkten der Reliabilität und Validität nicht zu befürworten.

Der Durchschnittswert der Stichprobe von 6,4 mit einer Standardabweichung von 1 deutet darauf hin, dass alle Einkäufer ihr Lieblingslabel schon sehr häufig geordert haben und davon auszugehen ist, dass es sich nach der Einteilung von *Robinson/Faris/Wind* (1967) um einen

[411] Durchschnittswert über zwei Indikatoren, welche auf einer 7er Likert Skala mit den Endpunkten 1: „Stimme überhaupt nicht zu" und 7:„Stimme voll zu" erfasst werden.

modifizierten oder identischen Wiederkauf bei allen Probanden handelt.[412] Im Ergebnis liegt Homogenität der Stichprobe in Bezug auf die Kaufhäufigkeit vor, wonach sich ein moderierender Einfluss der Kaufhäufigkeit auf die Wirkungszusammenhänge des Modells nicht sinnvoll überprüfen lässt. Vor diesem Hintergrund erfolgt in der vorliegenden Arbeit kein Gruppenvergleich für den Moderator Kaufhäufigkeit. Eine Einteilung in zwei Subgruppen mit niedriger und hoher Kaufhäufigkeit erscheint aufgrund der durchgängig hohen Kaufhäufigkeitswerte nicht sinnvoll. Hypothese 13 lässt sich mit dem vorliegenden Datenmaterial nicht akzeptabel prüfen.

Als Ergebnis des Gruppenvergleichs zeigt sich ein Einfluss des Moderators Beziehungsqualität auf einem Signifikanzniveau von 10% für die Hypothesen 6, 7 und 8. Demzufolge weist die Beziehungsqualität einen moderierenden Einfluss auf Teile des Untersuchungsmodells auf und Hypothese 11 kann beibehalten werden. Der t-Test nach *Chin* (2000) kann dem Moderator Länge der Geschäftsbeziehung keine signifikanten Unterschiede in dem Wirkungsmodell für kurze und lange Geschäftsbeziehung der Einkäufer zu ihrem Lieblingslabel nachweisen. Lediglich eine vergleichende Überprüfung der Koeffizienten beider Gruppen für Hypothese 8 weist auf Unterschiede der Teilgruppen hin und lässt auf einen Einfluss der Länge der Geschäftsbeziehung schließen. Hypothese 13 lässt sich aufgrund des Datenmaterials der Gesamtstichprobe nicht testen; ein Gruppenvergleich ist unter diesen Voraussetzungen nicht sinnvoll durchzuführen. Einen Überblick über die Ergebnisse des Gruppenvergleichs liefert *Tabelle 31*.

Hypothese	**Ergebnis**
H_{11}: Die Beziehungsqualität hat einen signifikanten Einfluss auf die Wirkungszusammenhänge des Modells zur Erklärung des Orderverhaltens.	✓
H_{12}: Die Länge der Geschäftsbeziehung hat einen signifikanten Einfluss auf die Wirkungszusammenhänge des Modells zur Erklärung des Orderverhaltens.	(✓)
H_{13}: Die Kaufhäufigkeit hat einen signifikanten Einfluss auf die Wirkungszusammenhänge des Modells zur Erklärung des Orderverhaltens.	nicht prüfbar

Tabelle 31: Ergebnis der Gruppenvergleiche

[412] Siehe Kapitel 2.2.3.

4.6 Interpretation der Ergebnisse

4.6.1 Zentrale Erkenntnisse

Nach der Darstellung der Ergebnisse der empirischen Prüfung des Untersuchungsmodells gilt es, diese im folgenden Abschnitt zu interpretieren. Die Zielsetzung der Interpretation liegt in der Identifikation potentieller Einflussfaktoren des Orderverhaltens sowie der Quantifizierung ihrer Wirkungszusammenhänge.

Im Kern des Modells der vorliegenden Arbeit steht die Einstellung, die annahmegemäß sowohl ökonomische (harte) als auch emotionale (weiche) Faktoren determinieren. Die empirische Überprüfung kommt zu dem wichtigen Ergebnis, dass ausschließlich harte Faktoren das Orderverhalten signifikant beeinflussen und die weichen Faktoren keine signifikante Wirkung auf die Einstellung ausüben. Die beiden harten Konstrukte Zufriedenheit mit den Produkten und Zufriedenheit mit dem Vertriebspersonal besitzen einen signifikanten Einfluss auf die Einstellung gegenüber dem Fashionlabel (H_6 und H_8). Einen Einfluss der weiteren harten Faktoren Zufriedenheit mit dem Vertriebspersonal und Zufriedenheit mit dem Service kann nicht nachgewiesen werden (H_7 und H_9). Sämtliche Faktoren der emotionalen Kategorie so der Fit zwischen Fashionlabel und Modehändler, der Fit zwischen Fashionlabel und Endkunden, die Einstellung gegenüber den B2B-Kommunikationsmaßnahmen, die Einstellung gegenüber den B2C-Kommunikationsmaßnahmen und die personale Identifikation (H_1, H_2, H_3, H_4, H_5), weisen keinen signifikanten kausalen Zusammenhang zu der Einstellung auf.

Gemäß dem S-O-R-Paradigma[413] findet das Konstrukt Wiederkaufabsicht als Verhaltensintention Eingang in das Modell der vorliegenden Arbeit. Die empirische Überprüfung des Strukturmodells bestätigt einen signifikanten Einfluss der Einstellung auf das Zielkonstrukt mit einem t-Wert von 4,678 und einem Pfadkoeffizient von 0,619. Demnach ist die Wahrscheinlichkeit, dass der Einkäufer sein Lieblingsfashionlabel wieder ordert umso höher, je positiver er gegenüber dem Label eingestellt ist. Die Varianzaufklärung der Wiederkaufabsicht ist mit einem R^2-Wert von 0,384 als gut zu bewerten. Dennoch existieren neben der Einstellung weitere Faktoren, die Einfluss auf die Wiederkaufabsicht ausüben. Die signifikante Wirkung der Einstellung als Intermediär zwischen einem Stimulus (hier harte und weiche Einflussfaktoren) und einer Reaktion (hier Wiederkaufabsicht) haben auch zahlreiche weitere

[413] Siehe Kapitel 2.3.1.

Studien belegt.[414] Demzufolge ist die Einstellung der Einkäufer gegenüber dem Fashionlabel eine geeignete intervenierende Größe (O), um den Einfluss der Gestaltungsvariablen des Orderverhaltens (S) auf die Zielgröße des Orderverhaltens - die Wiederkaufabsicht (R) - zu erklären.

In den nachfolgenden Kapiteln erfolgt die spezifische Interpretation der Untersuchungsergebnisse, gegliedert nach emotionalen und ökonomischen Einflussfaktoren sowie den Ergebnissen des Gruppenvergleichs.

4.6.2 Emotionale Einflussfaktoren

- **Fit**

Entgegen dem postulierten Wirkungszusammenhang in *Kapitel 3.2.1* weisen der Fit zwischen Fashionlabel und Modehändler mit einem Pfadkoeffizient von -0,031 und der Fit zwischen Fashionlabel und Endkunden mit einem Pfadkoeffizient von -0,015 keinen signifikanten Einfluss auf die Einstellung auf. Das negative Vorzeichen bedeutet, dass eine Steigerung des Fit-Werts die Einstellung des Einkäufers gegenüber dem Fashionlabel erniedrigt. Da die jeweiligen t-Werte (0,360 bzw. 0,148) unterhalb des kritischen Werts liegen, ist die negative Beeinflussung der Fit-Konstrukte jedoch nicht signifikant und eine weitergehende Interpretation nicht sinnvoll. Die Ergebnisse unterscheiden sich von bisherigen Forschungen, welche dem Fit-Konstrukt einen signifikant positiven Einfluss bestätigen.[415] Diese Studien sind im Gegensatz zu der Untersuchungseinheit der vorliegenden Arbeit jedoch auf den B2C-Bereich und somit auf den Konsumenten bezogen.

Die Studien aus dem B2C-Bereich definieren den Product Customer Fit nach der Kongruenztheorie[416] als das Ausmaß der Übereinstimmung des Konsumenten mit dem Produkt, welcher sich in Abhängigkeit der Erfüllung der Kundenbedürfnisse ergibt.[417] Diese Definition wurde in den Kontext dieser Arbeit übertragen und als der Fit zwischen dem Fashionlabel und dem Endkunde des Modehändlers und als der Fit zwischen dem Fashionlabel und dem Modehändler in das Modell zur Erklärung des Orderverhaltens integriert. Eine Besonderheit des B2B-

[414] Vgl. z. B. Bausback (2007); Ajzen (2001); Innis/LaLonde (1994), S. 48; MacKenzie/Belch/Lutz (1986); Bearden/Teel (1983), S. 25; Oliver (1980), S. 462.

[415] Vgl. z. B. Rifon et al. (2004); Simonin/Ruth (1998); Bucklin/Sengupta (1993); Aaker/Keller (1990).

[416] Siehe Kapitel 2.3.4.

[417] Vgl. Bolton/Lemon/Verhoef (2008), S. 50; Kristof (1996), S. 4 f.

Kaufverhaltens ist jedoch die abgeleitete Nachfrage,[418] daher erfolgt in der vorliegenden Arbeit nicht die Abfrage des Zusammenpassen der Person „Einkäufer" mit dem Fashionlabel, sondern einerseits die Erfüllung der Endkundenansprüche und andererseits der Fit zum Modehändler. Wie erinnerlich versteht die vorliegende Arbeit den Fit zum Modehändler als die Übereinstimmung des Fashionlabels mit der strategischen Ausrichtung bzw. mit dem Images des Unternehmens, für das der Einkäufer tätig ist.[419] Demnach beziehen sich beide Fit-Konstrukte nicht auf die Person des Einkäufers. Möglicherweise ist dieser indirekte Link zur Abfrage eines Fit-Konstrukts weniger geeignet.

Es existieren jedoch auch Forschungsarbeiten, welche ebenfalls auf den B2B-Bereich bezogen sind und eine positive Kausalität von dem Fit hin zur Einstellung belegen können.[420] Auch diese Studien unterscheiden sich von der vorliegenden Arbeit in der Untersuchungseinheit und dem Untersuchungsobjekt. Generell zählen zu dem B2B-Bereich sowohl das Industriegüter- als auch das Handelsmarketing.[421] Die Untersuchungseinheit der vorliegenden Arbeit ist der Modehandel, dessen Besonderheit darin liegt, dass die befragten Einkäufer die Fashionlabels (als Untersuchungsobjekt) für den direkten Weiterverkauf an die Endkunden ordern. Im Gegensatz dazu wird das Untersuchungsobjekt bzw. das zu kaufende Produkt in dem Industriegüterbereich weiterverarbeitet (wie bspw. Rohstoffe) und/oder verbleibt für eine längere Zeit im Unternehmen (wie bspw. Anlagen), wobei das finanzielle Risiko aus der Kaufentscheidung bspw. für Maschinen sehr hoch ist[422] und dem Fit-Konstrukt dadurch möglicherweise eine höhere Bedeutung zukommt als in dem schnelllebigen Modehandel.

Studien, welche ebenfalls den Fit zum Modehändler und Fit zum Endkunden im Bereich des Modefacheinzelhandels untersuchen, existieren bisher nicht. Dass sich die postulierten Wirkungszusammenhänge der Fit-Konstrukte in der vorliegenden Arbeit nicht bestätigt haben, kann mit der mangelnden Übertragbarkeit der theoretischen und empirischen Erkenntnisse aus bisherigen Studien aufgrund der Differenzen in Untersuchungseinheit und Untersuchungsobjekt zusammenhängen. Ein Erklärungsansatz für die Nicht-Erfüllung der Hypothese 1 bietet auch die Operationalisierung des Fits zum Modehändler über nur einen Indikator. Zwar bestätigt die Gütebeurteilung des Strukturmodells die Reliabilität und Validität dieses reflektiven

[418] Vgl. Glynn/Motion/Brodie (2007), S. 400; Webster/Keller (2004), S. 391.
[419] Siehe Kapitel 3.2.1.
[420] Vgl. z. B. Bausback (2007), S. 222.
[421] Vgl. Backhaus/Voeth (2010), S. 5 f.
[422] Vgl. Brown/Bellenger/Johnston (2007), S. 217.

Messmodells,[423] dennoch ist eine Operationalisierung über mehrere Indikatoren zu bevorzugen um potenzielle Verzerrungen zu vermeiden.[424] Hierbei sei darauf hingewiesen, dass auch in der vorliegenden Arbeit eine Messung über mehrere Items vorgesehen war. Die Eliminierung bis auf einen verbleibenden Indikator war jedoch aufgrund der nicht akzeptablen Güte der weiteren Indikatoren notwendig. Um die Annahme näher zu überprüfen, dass die Abstimmung des Fashionlabels mit den Anforderungen der Zielgruppe (H_2) und mit der Strategie des kaufenden Unternehmens (H_1) positive Auswirkungen auf die Einstellung der Einkäufer hat, bedarf es demnach weiterer Forschungen.

- **Personale Identifikation**

Als ein weiterer potentieller Einflussfaktor des Orderverhaltens ist das durch die Selbstkonzepttheorie begründete Konstrukt Personale Identifikation Gegenstand der Überprüfung. Im Ergebnis lässt sich der erwartete positive Einfluss der personalen Identifikation auf die Einstellung nicht bestätigen, da der t-Wert dieses Konstrukts von 0,065 unterhalb des geforderten Werts von 1,98 liegt. Die Annahme eines signifikanten Wirkungszusammenhanges zwischen den beiden Konstrukten basiert auf der Theorie, dass sich Einkäufer des Modefacheinzelhandels als Geschäftsinhaber in besonderem Maße mit ihrem Unternehmen identifizieren.[425] Da das Image ihres Unternehmens von den georderten Fashionlabels abhängig ist, lässt sich gemäß der Selbstkonzepttheorie annehmen, dass Einkäufer Fashionlabels bevorzugen, welche zu dem Image passen, das sie von sich selbst haben.[426] Die Auswertung der Demografika der Stichprobe bestätigt, dass mit über 89% der Großteil der Einkäufer des Modefacheinzelhandels auch zugleich Geschäftsinhaber ist und somit die Inhaber die Orderentscheidungen selbst fällen.[427] Ein denkbarer Grund für die Nicht-Bestätigung der Hypothese ist, dass die personale Identifikation als weicher Faktor, welcher sehr stark auf die Persönlichkeit des Individuums bezogen ist und keinen direkten, monetär messbaren Einfluss auf den Erfolg der Order bzw. Verkauf der georderten Fashionlabels hat, im B2B-Bereich einen weniger starken Stellenwert einnimmt. Die Literatur bestätigt, dass die harten (rationalen) Faktoren im B2B-Bereich einen stärkeren Einfluss auf Kaufentscheidungen ausüben als weiche (emotionale) Faktoren.[428]

[423] Siehe Kapitel 4.3.1.
[424] Vgl. Homburg/Dobratz (1998), S. 450.
[425] Siehe Kapitel 3.2.2.
[426] Vgl. Goldsmith/Moore/Beaudoin (1999), S. 8.
[427] Siehe Kapitel 4.2.3.
[428] Vgl. Mudambi (2002), S. 527; Brown/Bellenger/Johnston (2007), S. 215; Webster/Keller (2004), S. 395 f.

Einen weiteren möglichen Einfluss auf das Ergebnis des Strukturmodells kann die Operationalisierung des Konstrukts ausüben. Die Gütebeurteilung des Messmodells liefert einen ersten Hinweis auf die mangelnde Eignung des aus dem B2C-Bereich stammenden Messinventars. Aufgrund nicht akzeptabler Messwerte mussten zwei von vier abgefragten Indikatoren zur Operationalisierung der personalen Identifikation eliminiert werden. Interessant ist, dass *Bausback* in einer Studie das Konstrukt „Fit zur Person“, welche inhaltlich der personalen Identifikation ähnelt, aufgrund mangelnder Eignung des Messmodells ebenfalls ganz aus der Untersuchung ausschließen musste.[429] Vor diesem Hintergrund lässt sich festhalten, dass der B2B-Bereich besondere Charakteristika aufweist, welche eine unmodifizierte Übertragung des Messinventars aus dem B2C-Bereich nicht befürworten.

- **Kommunikationsmaßnahmen**

Ferner stehen sowohl die Kommunikationsmaßnahmen, welche die Modehersteller an die Einkäufer richten, als auch die Kommunikationsmaßnahmen, welche an die Endkunden adressiert sind, in keinem signifikanten kausalen Zusammenhang zur Einstellung. Mit einem t-Wert von 0,157 für das Konstrukt Einstellung gegenüber den B2B-Kommunikationsmaßnahmen und einem t-Wert von 0,560 für das Konstrukt Einstellung gegenüber den B2C-Kommunikationsmaßnahmen finden die jeweiligen Hypothesen 4 und 5 keine Bestätigung. Dass die Einstellung sowohl gegenüber den B2B- als auch den B2C-Kommunikationsmaßnahmen entgegen der in zahlreichen Studien bestätigten Attitude-toward-the-Ad Theorie keinen signifikanten Einfluss auf die Einstellung ausübt, lässt sich nur äußerst vage erklären. Eine Vermutung ist, dass Einkäufer im Modefacheinzelhandel die Kommunikationsmaßnahmen der Modehersteller gemäß *Kano* et al. als Basisanforderung voraussetzen und eine Erhöhung bzw. Intensivierung der Kommunikationsmaßnahmen keine Verbesserung der Einstellung bewirkt.[430]

Da das Konstrukt B2C-Kommunikationsmaßnahmen eine formative Operationalisierung aufweist und die Indikatoren demnach verschiedene Facetten des Konstrukts abbilden, welche erst in ihrer Gesamtheit das zu messende Konstrukt darstellen, kann man den Einfluss der Indikatoren interpretieren. So lässt sich im Ergebnis feststellen, dass die Glaubwürdigkeit

---

[429] Vgl. Bausback (2007), S. 210.

[430] Vgl. Herrmann/Huber (2009), S. 166: Nach *Kano et al.* (1984) kann zwischen Basis-, Leistungs- und Begeisterungsanforderungen unterschieden werden, wobei eine Erfüllung der Basisanforderungen nicht zu einer Steigerung der Zufriedenheit führt.

(Indikator 4) die Einstellung gegenüber B2C-Kommunikationsmaßnahmen am stärksten bildet.

4.6.3 Ökonomische Einflussfaktoren

- **Zufriedenheit mit den Produkten**

Entsprechend der postulierten Hypothese hat sich die Zufriedenheit mit den Produkten als signifikanter Einflussfaktor des Orderverhaltens bestätigt. Die Zufriedenheit mit den Produkten weist mit einem t-Wert von 2,368 und einem Pfadkoeffizient von 0,290 einen signifikant positiven Einfluss auf die Einstellung gegenüber dem Fashionlabel auf. Demnach sind Kunden, welche mit den Produkten des Fashionlabels zufrieden sind, positiver gegenüber diesem Label eingestellt.

Die Gütebeurteilung des formativen Messmodells zeigt, dass die Qualität und Trendgerechtigkeit die Zufriedenheit mit den Produkten am stärksten determinieren. Die limitierte Auflage und der Innovationsgrad wirken sich ebenfalls positiv auf die Zufriedenheit aus. Die Ergebnisse stehen im Einklang mit den Charakteristika des Untersuchungsobjekts. Eine Auswertung über die gesamte Stichprobe ergab, dass die Lieblingslabels der Mehrzahl der Einkäufer dem gehobenen Modegenre angehören.[431] In diesem Luxussegment hat die Exklusivität einen hohen Stellenwert,[432] welche sich durch qualitative,[433] trendgerechte und innovative[434] Produkte fördern lässt. Zudem bestätigt die Literatur, dass eine limitierte Produktion die Exklusivität bzw. Begehrlichkeit eines Fashionlabels begünstigt.[435]

- **Zufriedenheit mit der Auftragsabwicklung**

Als ein weiterer signifikanter Erfolgsfaktor gilt gemäß Hypothese 8 die Zufriedenheit mit der Auftragsabwicklung. Die Prüfung des Strukturmodells bestätigt einen signifikanten kausalen Zusammenhang zwischen der Zufriedenheit mit der Auftragsabwicklung und der Einstellung gegenüber dem Fashionlabel mit einem t-Wert von 2,421 und einem Pfadkoeffizient von 0,260. Je zufriedener die Einkäufer mit der Auftragsabwicklung sind, desto positiver sind sie gegenüber dem Fashionlabel eingestellt. Dieses Ergebnis entspricht den Ausführungen früh-

[431] Siehe Kapitel 4.2.3.
[432] Vgl. Dubois/Paternault (1995), S. 69; Dubois/Duguesne (1993), S. 115; Groth/McDaniel (1993), S. 10.
[433] Vgl. Beverland (2004), S. 446; Phau/Prendergast (2000), S. 122.
[434] Vgl. Moore/Birtwistle (2005), S. 412.
[435] Vgl. Okonkwo (2007); Nueno/Quelch (1998), S. 61.

erer Studien, die die Zufriedenheit mit der Auftragsabwicklung als wichtigen Einflussfaktor identifizieren.[436]

Eine Betrachtung der t-Werte der Indikatoren im Rahmen des Messmodells zeigt, dass die Dauer, bis der Einkäufer die Auftragsbestätigung erhält (Indikator 3), den größten Einfluss auf das zu messende Konstrukt Zufriedenheit mit der Auftragsabwicklung hat.

- **Zufriedenheit mit dem Vertriebspersonal**

Entgegen der Hypothese 7 hat sich der Einfluss der Zufriedenheit mit dem Vertriebspersonal auf die Einstellung mit einem t-Wert von 0,799 als nicht signifikant erwiesen. Demnach führt eine erhöhte Zufriedenheit mit dem Vertriebspersonal nicht zu einer signifikant besseren Einstellung. Studien, welche einen positiven Wirkungszusammenhang der beiden Konstrukte bestätigen konnten, stammen aus dem Industriegüterbereich. Der Verkauf von kapitalintensiven Gütern scheint eine höhere Betreuung von dem Vertriebspersonal zu implizierten, welche sowohl für die beratungsintensive Vertragsabwicklung als auch für Nachfragen bei der Installation der Güter vor Ort oder Bedienungsanfragen zuständig sind:[437] „(...) because of the complex and technical nature of industrial products and buyer's general interest in building relationships, the sales force plays a particularly critical role in personally communicating a business brand's key attrubutes".[438] Im Modehandel findet der persönliche Kontakt zum Vertriebspersonal vor Ort seltener statt und viele Anfragen wickeln die Modehersteller telefonisch oder schriftlich ab. Vor diesem Hintergrund lässt sich die These aufstellen, dass der Zufriedenheit mit dem Vertriebspersonal im Industriegüterbereich eine höhere Bedeutung zukommt als im Modehandel.

- **Zufriedenheit mit dem Service**

Als weiterer harter Einflussfaktor wird die Zufriedenheit der Einkäufer mit dem Service ihres Lieblingslabels überprüft (H_9). Der erwartete Einfluss der Zufriedenheit der Einkäufer auf die Einstellung erweist sich mit einem t-Wert von 0,561 als nicht signifikant. Entgegen der Annahme sind Einkäufer, die mit dem Service zufrieden sind, nicht positiver gegenüber dem Fashionlabel eingestellt.

---

[436] Vgl. Homburg/Rudolph (2001), S. 24; Wilson/Woodside (1995), S. 33; Cooper/Dröge/Daugherty (1991), S. 83.

[437] Vgl. Homburg/Rudolph (2001), S. 17.

[438] Brown/Bellenger/Johnston (2007), S. 223 f.

Einen Erklärungsansatz für die Nicht-Bestätigung der Hypothese liefert die Operationalisierung des Konstrukts, welche sich auf die Zufriedenheit der Einkäufer mit der Reaktion der Modehersteller auf Anliegen oder Probleme bezieht. Möglicherweise ist eine hohe Zufriedenheit der Einkäufer mit dem Service typischerweise mit Situationen impliziert, die Probleme voraussetzen, welche sich negativ auf die Einstellung auswirken. Diese Annahme würde auch das negative Vorzeichen des Pfadkoeffizienten (-0,078) plausibler erklären. In ähnlicher Weise erklären auch *Homburg/Rudolph* den negativen Zusammenhang der Zufriedenheit mit dem Service auf die Gesamtzufriedenheit.[439] An dieser Stelle ist darauf hinzuweisen, dass kein adäquates Messinstrumentarium existiert, welches auf die Spezifika des Modefacheinzelhandels ausgerichtet ist. Expertengespräche mit dem Vertriebspersonal der Modedesigner *Anja Gockel* erklären, dass sich der Service im Handel von Designerkleidung auf Faktoren wie bspw. Kulanz bei Änderungsanfragen an spezifische Kundenwünsche, Austausch von Ware, Lieferung von hochwertigem Promotion-Material (Bügel, Geschenkkartons, Tüten für den Verkauf an den Endkunden) oder den Versand der Ware in Kartons, welche die Kleidung vor „Knittern“ schützt, bezieht. Diese Service-Dimensionen unterscheiden sich deutlich von dem Service im Industriegüterbereich, wonach eine Anpassung des Messmodells an die Charakteristika des Modefacheinzelhandels notwendig erscheint.

Im Ergebnis lässt sich zusammenfassen, dass die zwei harten Faktoren Zufriedenheit mit dem Produkt und Zufriedenheit mit der Auftragsabwicklung die Einstellung der Einkäufer gegenüber dem Fashionlabel signifikant beeinflussen. Die Stärke des Einflusses der beiden Faktoren unterscheidet sich nur minimal. Der Pfadkoeffizient der Zufriedenheit mit den Produkten ist um 0,030 Einheiten höher, wonach die Produkte den größten Einfluss auf die Einstellung ausüben. Die weichen Faktoren wirken sich nicht signifikant auf die Einstellung aus. Dieses Ergebnis deutet darauf hin, dass das Orderverhalten im B2B-Bereich des Modefacheinzelhandels von rationalen Entscheidungen geprägt ist. *Minett* bestätigt dieses Ergebnis, nach ihm sind B2B-Käufe von der „ideology of rational choice“ [440] geprägt. Die vorgelagerten Konstrukte erklären die Einstellung zu 22,1%. Demnach existieren weitere Einflussfaktoren außerhalb des Modells, welche weitere Forschungen evaluieren sollten. Dieses Ergebnis ist unter der Tatsache, dass sich nur zwei von potentiellen neun Einflussfaktoren der Einstellung als signifikant bestätigt haben, nicht überraschend.

[439] Vgl. Homburg/Rudolph (2001), S. 28.
[440] Minett (2002), S. 69.

4.6.4 Moderierende Effekte

Neben den potentiellen Erfolgsfaktoren des Orderverhaltens erfolgt die Untersuchung des Modells auf moderierende Effekte der Beziehungsqualität und der Länge der Geschäftsbeziehung.[441] Eine Untersuchung moderierender Effekte der Kaufhäufigkeit lässt sich aufgrund der Homogenität der Stichprobe und der dadurch bedingten Annahme, dass sich die Wirkungszusammenhänge des Modells nicht signifikant durch den moderierenden Einfluss der Kaufhäufigkeit unterscheiden, nicht durchführen.

Hypothese 11 formuliert einen moderierenden Einfluss der Beziehungsqualität auf die Konstruktzusammenhänge. Der Gruppenvergleich nach *Chin* bestätigt diesen erwarteten Effekt für einen Teil der Hypothesen. Die Hypothesen 6, 7 und 8 unterscheiden sich signifikant (auf einem Signifikanzniveau von 10%) zwischen Einkäufern mit einer hohen und Einkäufern mit einer niedrigen Beziehungsqualität. Demnach beeinflusst die Zufriedenheit mit den Produkten, mit dem Vertriebspersonal und der Auftragsabwicklung die Einstellung der Einkäufer mit einer niedrigen Beziehungsqualität signifikant stärker als die Einstellung der Einkäufer mit einer hohen Beziehungsqualität. Einen möglichen Erklärungsansatz liefert die Annahme, dass die Beziehungsqualität mit dem Vertrauen korreliert ist und Einkäufer mit einer hohen Beziehungsqualität ein stärkeres Vertrauen in das Fashionlabel haben.[442] Zudem bestätigt die Literatur einen Link zwischen Vertrauen und der Loyalität, indem das Vertrauen als eine vorgeschaltete Größe auf die Loyalität wirkt.[443] Das Vertrauen als Kennzeichen stabiler Geschäftsbeziehungen[444] gilt als „die Bereitschaft, sich auf einen Partner zu verlassen“ und auch als „der Glaube an das Wohlwollen und die Verantwortungsübernahme des Partners“.[445] Basierend auf diesen Erkenntnissen lässt sich die Vermutung aufstellen, dass Kunden mit einer hohen Beziehungsqualität ein stärkeres Vertrauen in das Label haben und loyaler gegenüber dem Label eingestellt sind, sodass eine eher habitualisierte Orderentscheidung vorliegt, die Einkäufer das Risiko der Kaufentscheidung geringer einschätzen und die harten Faktoren die Einstellung im Ergebnis nicht so stark beeinflussen. Ein weiterer möglicher Erklärungsansatz für den geringeren Einfluss der Zufriedenheit auf die Einstellung der Einkäufer mit einer hohen Beziehungsqualität liefert die Annahme, dass Kunden mit einer hohen Beziehungsqualität

[441] Siehe Kapitel 4.5.
[442] Vgl. Rauyruen/Miller (2007); Czepiel (1990); Ricard/Perrien (1999).
[443] Vgl. Reichheld/Schefter (2000), S. 107.
[444] Vgl. Wong/Sohal (2002); Garbarino/Johnson (1999).
[445] Keller/Stolper (2006), S. 11; vgl. auch Abduhl-Muhmin (2005); Naudé/Buttle (2000); Kumar /Scheer/Stehenkamp (1995); Ganesan (1994).

weniger von Zufriedenheitsschwankungen beeinflusst werden und auch Phasen vorübergehender Unzufriedenheit in Kauf nehmen, ohne die Geschäftsbeziehung zu beenden.[446]

Die Untersuchung auf Unterschiede in den Wirkungszusammenhängen des Modells bestätigte sich für den Moderator Länge der Geschäftsbeziehung nur in Bezug auf Hypothese 8 (auf einem Signifikanzniveau von 10%). Demnach hat die Zufriedenheit mit der Auftragsabwicklung für die Einkäufer, die in einer langen Geschäftsbeziehung zu dem Fashionlabel stehen, einen stärkeren Einfluss als für Einkäufer die das Fashionlabel erst seit kurzem ordern. Eine fundierte Erklärung für diesen Zusammenhang lässt sich nur schwer finden. Dabei ist darauf hinzuweisen, dass man den Unterschied der beiden Gruppen nicht zu stark bewerten und interpretieren sollte, da die Pfadkoeffizienten der beiden Gruppen für Hypothese 8 nur minimal differieren. Für die weiteren Hypothesen weisen die beiden Gruppen keine signifikanten Differenzen auf. Im Ergebnis hat die Länge der Geschäftsbeziehung keine weiteren Einflüsse auf das Orderverhalten. Zudem findet die mit der Länge der Geschäftsbeziehung antizipierte Loyalität[447] und ihre Auswirkungen auf das Orderverhalten keine empirische Bestätigung.

[446] Vgl. Giering (2000), S. 54.
[447] Siehe Kapitel 3.5.

5 Marketingpolitische Implikationen

5.1 Implikationen für die Marketingpraxis

Wie die Ergebnisse der empirischen Studie dokumentieren, ist das entwickelte Modell in der Lage, relevante Einflussfaktoren des Orderverhaltens zu identifizieren. Für die Modehersteller haben diese Faktoren eine besondere Relevanz, da sie maßgeblich die Einstellung der Einkäufer beeinflussen und damit auch die Wiederkaufabsicht erhöhen. Sie leisten so einen Beitrag zur Erreichung der Modemarketingziele.[448] Um die identifizierten Einflussfaktoren marktorientiert gestalten zu können erhalten die Modehersteller auf den Ergebnissen der vorliegenden Studie basierende Handlungsempfehlungen. Diese Empfehlungen verfolgen das Ziel, die von den Einkäufern als relevant beurteilten Größen zu identifizieren und zu priorisieren sowie konkrete Hinweise zur deren positiver Gestaltung zu geben. Insbesondere durch die steigende Konkurrenz vertikaler Anbieter[449] und Online-Shopping-Portalen,[450] gilt es eine starke Marktposition durch eine gezielte Ausrichtung der Marketingaktivitäten zu behaupten. Zunächst stehen in diesem Kapitel allgemeine Handlungsempfehlungen für die Modehersteller im Vordergrund, das darauf folgende Kapitel widmet sich spezifischen Implikationen für ausgewählte Fashionlabels.

Die wichtigste Erkenntnis dieser Arbeit ist, dass die emotionalen Faktoren einen sehr geringen bis gar keinen Einfluss auf die Orderentscheidung ausüben und die Modehersteller die Marketingaktivitäten auf die ökonomischen Faktoren Produkte, Auftragsabwicklung und Vertriebspersonal fokussieren sollten. Eine weitere zentrale Erkenntnis zeigt der Gruppenvergleich; im Ergebnis übt der Moderator Beziehungsqualität einen signifikanten Einfluss auf das Orderverhalten aus.[451] Einkäufer, die eine niedrige Beziehungsqualität zu ihrem Lieblingsfashionlabel aufweisen, lassen sich stärker von den Faktoren Produkt, Vertriebspersonal und Auftragsabwicklung beeinflussen als Einkäufer mit einer hohen Beziehungsqualität. Vor diesem Hintergrund lässt sich die Empfehlung ableiten, dass die Modehersteller ihre Kunden anhand der Beziehungsqualität segmentieren sollten, um bei der Kommunikation mit Kunden mit einer niedrigen Beziehungsqualität besonders auf die Rolle der harten Faktoren zu achten. Die Länge der Geschäftsbeziehung bewirkt hingegen weniger starke moderierende

[448] Siehe Kapitel 2.1.2.
[449] Vgl. Dahan/Peltekoglu (2011), S. 1; Müller (2010), S. 26.
[450] Vgl. Freutel (2010), S. 125.
[451] Siehe Kapitel 4.5.

Effekte; eine gesonderte Behandlung der Kunden mit einer kurzen bzw. langen Geschäftsbeziehung ist demnach nicht nötig.

Für eine detaillierte und verlässliche Ableitung von Implikationen ist es hilfreich, die Einflussfaktoren des Orderverhaltens hinsichtlich ihrer Ausprägung (Performance) und ihrer Wichtigkeit für die Einstellungsbildung (Importance) in Relation zu setzen. Das Importanceniveau entspricht dabei dem Totaleffekt[452] eines Einflussfaktors auf das Zielkonstrukt Einstellung gegenüber dem Fashionlabel. Die Importance-Performance-Matrix vereint als zweidimensionale Matrix die Ausprägungen und Wichtigkeiten der einstellungsbildenden Faktoren und erlaubt eine gezielte Bewertung potenzieller Erfolgsfaktoren des Orderverhaltens. Exemplarisch ist diese in *Abbildung 10* dargestellt.

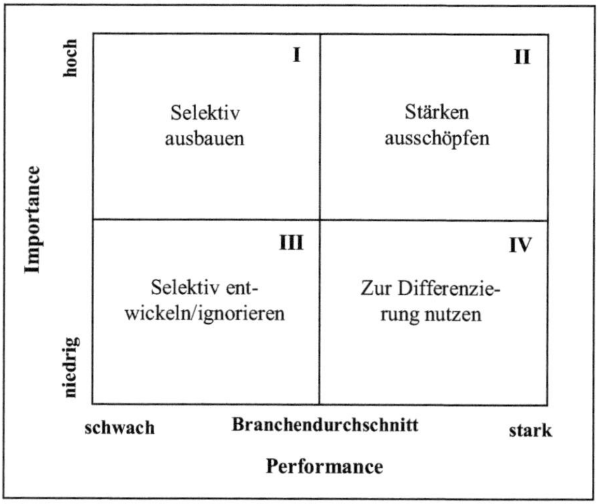

Abbildung 10: Exemplarische Importance-Performance-Matrix[453]

Anhand dieser Matrix lassen sich die Einflussfaktoren nach der Berechnung ihrer Performance im Vergleich zum Branchendurchschnitt und ihrer Relevanz im Orderprozess in vier Quadranten einordnen. In Abhängigkeit der Quadranten ergeben sich unterschiedliche Handlungsempfehlungen. Faktoren, welche die Probanden im Vergleich zum Wettbewerb überdurchschnittlich gut bewerten und die zugleich eine hohe Relevanz im Orderentscheidungsprozess

[452] Die Totaleffekte entsprechen in dieser Studie den Pfadkoeffizienten.
[453] Eigene Abbildung in Anlehnung an Perrey/Meyer (2011), S. 249.

einnehmen, stellen Stärken des Modeherstellers dar (Quadrant II).[454] Diese Stärken gilt es dauerhaft beizubehalten und auszubauen. Hingegen lässt sich ein hoher Handlungsbedarf für Konstrukte ableiten, die eine geringe Zufriedenheit und gleichzeitig hohe Relevanz aufweisen (Quadrant I). Diese Schwächen sollte man mit hoher Priorität verbessern. Dimensionen, die nur eine niedrige Relevanz für die Einkäufer haben und eine relativ schwache Ausprägung aufweisen (Quadrant III), sollten die Unternehmen weniger stark fördern. Falls diese Faktoren ein hohes Performanceniveau erreichen, lassen sie sich zur Differenzierung gegenüber dem Wettbewerb einsetzen (Quadrant IV).

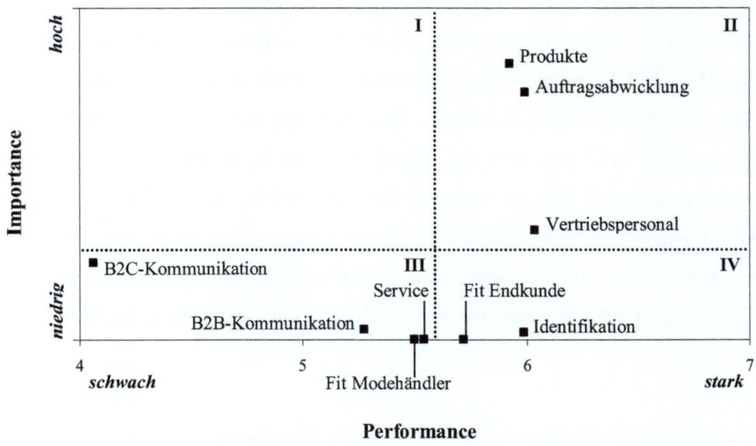

Abbildung 11: Importance-Performance-Matrix

Die Berechnung der Importance- und Performancewerte der Einflussfaktoren des Orderverhaltens ist in *Abbildung 11* dargestellt. Die Trennlinie ist der Branchendurchschnitt, der die durchschnittliche Performance aller Einflussfaktoren über die gesamten, in dieser Studie befragten Fashionlabels darstellt. Die Performancewerte der einzelnen Einflussfaktoren ergeben sich als Durchschnitt über alle Fashionlabels, daher ist ein Vergleich mit den konkurrierenden Modeherstellern an dieser Stelle nicht möglich. Dies ist Gegenstand des nachfolgenden Kapitels.

454 Vgl. Huber/Herrmann/Peter (2003), S. 351.

Wie die Grafik verdeutlicht, bewerten die Einkäufer die Faktoren, welche maßgeblich für eine positive Einstellung der Einkäufer verantwortlich sind und damit zu einer erhöhten Wiederkaufabsicht führen, im Vergleich zu den übrigen Faktoren als überdurchschnittlich gut. Dies bedeutet, dass die in der vorliegenden Arbeit untersuchten Fashionlabels ein hohes Performanceniveau für die drei wichtigsten Faktoren erreichen konnten und diese Erfolgsfaktoren gleichzeitig Stärken der Modehersteller darstellen. Um diese Stärken langfristig beizubehalten und sich gegenüber der Konkurrenz durchzusetzen, sollten sie jedoch in einem fortwährenden Prozess an die Kundenwünsche angepasst werden, wie bspw. auch H&M klarstellt: „This means, that we are constantly asking ourselfs, who the customers are, what their style is and what they are looking for".[455] Für die Produkte empfiehlt es sich mit hoher Priorität die Qualität und Trendgerechtigkeit aufrecht zu erhalten, da diese Faktoren maßgeblich die Zufriedenheit der Einkäufer mit den Produkten beeinflussen.[456] So konnte auch die Luxusmarke *Burberry* ihre Markenstärke ausbauen und ihren Erfolg erheblich steigern,[457] indem sie unter anderem die Qualität und Trendgerechtigkeit ihrer Produkte verbesserte: „We have in recent years increased the fashion content and improved the quality of fabric and other materials used in these products".[458] Die Auswertung einer offenen Frage zu den Wünschen und Anregungen der Einkäufer an die Modehersteller innerhalb dieser Studie ergab, dass zusätzlich die Passform eine wichtige Rolle einnimmt. Daher empfiehlt es sich, die Konfektionsgrößen an den Körperbau der Endkunden über eine für die Kunden individuelle Schnittführung anzupassen.[459]

Eine weitere Stärke der Modehersteller im Orderprozess ist die Auftragsabwicklung. Vor dem Hintergrund des Wandels und der Schnelllebigkeit der Mode sowie des großen Konkurrenzdrucks sind die Modehändler bemüht ihr Sortiment flexibel in relativ kurzen Zyklen an neue Trends anzupassen und zu variieren.[460] Daher ist eine schnelle Auftragsbestätigung von hoher Relevanz für die Zufriedenheit der Einkäufer.[461] Zudem sollten die Hersteller den Auftrag zuverlässig, d. h. vollständig, korrekt und zum angegebenen Zeitpunkt, ausliefern.[462] Dies bestätigen auch die offenen Aussagen der Einkäufer, welche im Rahmen dieser Arbeit befragt

[455] H&M (2006), S. 25.
[456] Siehe Kapitel 4.3.4.
[457] Vgl. Moore/Birtwistle (2004), S. 412.
[458] Burberry (2002), S. 26.
[459] Vgl. Loock (2008), S. 169 f.
[460] Vgl. Eickhoff (1997), S. 162.
[461] Siehe Kapitel 4.3.4.
[462] Vgl. Ahlert/Große-Bölting/Heinemann (2009), S. 561; Siehe Kapitel 4.3.4.

wurden. Sie nannten unter anderem „schnelle Lieferzeit“ und „pünktliche Auslieferung“ als Kriterien, die ihnen besonders wichtig sind.

Die Zufriedenheit mit dem Vertriebspersonal stellt eine weitere Stärke der Modehersteller dar. Zahlreiche Studien aus dem B2B-Bereich, bestätigen die Relevanz des Vertriebpersonals für eine erfolgreiche Markenstrategie.[463] Sie ist jedoch im Vergleich zu den anderen Dimensionen Produkt und Auftragsabwicklung weniger stark für die Einstellungsbildung der Probanden relevant und weist die größten Performancewerte aller Einflussfaktoren des Modells dieser Arbeit auf. Demnach sind die Einkäufer mit dem Vertriebspersonal ihres Lieblingsfashionlabels bereits äußerst zufrieden und es besteht kein großes Verbesserungspotenzial. Wie auch bei den oben beschriebenen Stärken empfiehlt es sich für die Modehersteller, diese Stärke auf Dauer aufrecht zu erhalten. In besonderem Maße sollte der Modehersteller für die Beständigkeit seines Vertriebspersonals sorgen. Die Betreuung der Einkäufer mit einem konstanten Vertriebspersonal erhöht die Zufriedenheit der Einkäufer. Im Umkehrschluss ist eine hohe Mitarbeiterfluktuation zu vermeiden. Es erscheint plausibel, dass Vertriebler, die über einen längeren Zeitraum in Kontakt zu den Einkäufern stehen, die Wünsche und Anforderungen der Einkäufer sehr gut kennen und diese dadurch im Verkaufsgespräch bzw. bei der Auswahl und Zusammenstellung des Sortiments, gezielt ansprechen können und letztendlich das Verkaufsvolumen erhöhen. Um das Vertriebspersonal, welches einen hohen Beitrag zum Erfolg des Orderprozesses beiträgt, dauerhaft im Unternehmen zu halten, gilt es seitens der Modehersteller für eine gute Mitarbeiterführung und eine offene Kommunikation sowie eine angemessene Entlohnung zu sorgen.[464] Diese Faktoren hat eine Studie von *Kelly* als die Hauptgründe für eine Kündigung der Mitarbeiter evaluiert. Darüber hinaus empfiehlt es sich, die Problemlösungskompetenz der Mitarbeiter zu fördern (beispielsweise durch Work-Shops).

Nachdem die oben genannten Stärken der Modehersteller eine Darstellung erfahren haben, erfolgt eine Betrachtung der verbleibenden Einflussfaktoren des Orderverhaltens, welche alle niedrige Importance-Werte besitzen und in Bezug auf ihr Performanceniveau große Unterschiede aufweisen. Die B2C-Kommunikationsmaßnahmen sind im Vergleich zu den verbleibenden Faktoren deutlich relevanter und werden von den Einkäufern als äußerst unbefriedigend bewertet. Demnach gilt es, an Endkunden gerichtete Kommunikationsmaßnahmen zu

[463] Vgl. Traynor/Traynor (2004), S. 459; Jackson/Keith/Burdick (1987), S. 31.
[464] Vgl. Kelly Services (2010).

verbessern, um die Performance zu erhöhen. Eine erfolgreiche Pull-Strategie kann das Interesse der Endkunden nach dem beworbenen Produkt erhöhen.[465] Die Literatur belegt dabei einen Wandel von einem funktionalen, produktbezogenen Fokus der Werbung hin zu einer verstärkten Kommunikation von symbolischen und emotionalen Werten des Labels.[466]

Gerade im Modebereich ist die Ansprache und Bestätigung des Selbstkonzepts der Konsumenten von hoher Bedeutung: „Fashion brands are seen as strong vehicles for expressing self-concept […], achieving image congruency and signifying group membership“.[467] Demnach empfiehlt es sich, das Image des Fashionlabels verstärkt zu kommunizieren und an den Lifestyle und das Selbstbild der Zielgruppe anzupassen. Erfolgreiche Marketingmaßnahmen, welche das Image des Fashionlabels effektiv nach außen transportieren, führen zu einer erhöhten Aufmerksamkeit und formen die Identität und Persönlichkeit des Fashionlabels.[468] So betont beispielsweise *Tommy Hilfiger* in seinen Kampagnen über Jahre hinweg den für die Marke charakteristischen sportlichen „American Way of Life“, *Burberry* hingegen hält das Markenbild von englischer Tradition und Herkunft („Brit Chic“) aufrecht: „With a particular and strong focus upon iconoclastic British images, these advertisements draw heavily from the firms' heritage and history“.[469] Auch die Studien von *Traynor/Traynor* identifizieren das Image eines Produkts als wichtigstes Marketinginstrument.[470] Als besonders erfolgreich hat sich im Fashion Sektor der Einsatz von prominenten Persönlichkeiten in der Werbung erwiesen, die den Spirit und Lifestyle des Labels transportieren.[471] Als aktuelle Beispiele der Werbekampagnen erfolgreicher Designer lassen sich *Naomi Campbell* für *Chanel*, *David Beckham* für *Emporio Armani* und *Emma Watson* für *Burberry* nennen. Die Kommunikationsmaßnahme sollte weiterhin glaubwürdig sein, da die Glaubwürdigkeit in dieser Studie den höchsten Einfluss auf die Einstellung gegenüber der Kommunikationsmaßnahme ausübt.[472]

Außerdem sollten die Modehersteller das Internet als wichtige Informationsplattform nicht außer Acht lassen.[473] Zahlreiche Fashion-Blogs informieren täglich über aktuelle Trends der

[465] Vgl. Kotler et al. (2011), S. 825.
[466] Vgl. Simoes/Dibb (2001); Graeff (1996).
[467] Carroll (2008), S. 152.
[468] Vgl. Fionda/Moore (2009), S. 352.
[469] Moore/Birtwistle (2004), S. 420.
[470] Vgl. Traynor/Traynor (2004), S. 459.
[471] Vgl. Fionda/Moore (2009), S. 356; Carroll (2008), S. 146.
[472] Siehe Kapitel 4.3.3.
[473] Vgl. Carroll (2008), S. 149.

Modebranche und erfreuen sich steigender Besucherzahlen.[474] Dabei können die Modehersteller die Autoren der Fashion-Blogs zu einer Berichterstattung über ihr Label animieren, indem sie sie bspw. zu Fashionshows einladen und ihnen umfangreiches Informationsmaterial oder sogar ausgewählte Kleidungsstücke zur Verfügung stellen. Außerdem bietet sich für die Modehersteller die Möglichkeit an einen eigenen Fashion-Blog aufzubauen und die Beziehung zu den Konsumenten zu stärken. Beispielhaft sind die Blogs des Designerlabels *Chanel* und des Vertikalisten *Mango*.[475] Der Modehersteller kann durch eine Kommentarfunktion des Blogs direkt mit den Kunden kommunizieren und erfährt so, welche Wünsche und Kritik der Kunde hat und kann unmittelbar darauf reagieren. Darüber hinaus zeigt die durchgeführte Befragung, dass sich die Einkäufer für ihre Endkunden umfangreiches Merchandising- und Promotionmaterial bspw. in Form von Katalogen, hochwertigen Verpackungen (Bügel, Kleiderhüllen, Verkaufstüten) und Give-Aways wünschen.

Als weit weniger relevant als die oben beschriebenen Einflussfaktoren haben sich die weichen Faktoren B2B-Kommunikationsmaßnahmen und Identifikation des Einkäufers mit dem Fashionlabel herausgestellt. Dabei bleibt festzuhalten, dass die Identifikation mit dem Label ein gutes Performanceniveau erreicht, hier besteht kaum Handlungsbedarf. Die B2B-Kommunikation weist im Vergleich zu allen anderen Einflussfaktoren die zweit schwächste Performance nach den B2C-Kommunikationsmaßnahmen auf. Da ihr Einfluss auf die Orderentscheidung jedoch sehr gering ist, ist es nicht ratsam, große Kapazitäten für dessen Verbesserung einzusetzen. Anzumerken ist, dass die Literatur für die Kommunikation im B2B-Bereich empfiehlt, spezialisierte Medien einzusetzen wie bspw. Direct Mailings, Kataloge mit hohem Informationsgehalt oder den Auftritt auf Messen. Diese sind im Gegensatz zur Massenkommunikation sehr effektiv, um ausgewählte Käufer gezielt anzusprechen.[476] Gar keine Relevanz für die Orderentscheidung hat der Fit zum Modehändler, der Fit zum Endkunden und der Service des Modeherstellers. Hierbei sei jedoch darauf hingewiesen, dass die Operationalisierung der Konstrukte aus Studien stammt, welche nicht auf den Modefacheineinzelhandel ausgerichtet sind und sich in Abhängigkeit des Messinventars eventuell andere Ergebnisse einstellen würden.

[474] Vgl. Kretz (2010), S. 393.
[475] Vgl. Chanel (2011); Mango (2011).
[476] Vgl. Webster/Keller (2004), S. 400.

5.2 Branchenvergleich für die Fashionlabels Marc Cain, Hugo Boss, Marc O'Polo und Schumacher

In diesem Kapitel erfolgt eine nähere Betrachtung der Fashionlabels *Marc Cain, Hugo Boss, Marc O'Polo* und *Schumacher* in einem Branchenvergleich. Mehrere Probanden der vorliegenden Studie haben diese Labels beurteilt, so dass eine akzeptable Datenmenge vorliegt, um eine Importance-Performance-Matrix für jedes Label aufzustellen. Es ist jedoch anzumerken, dass die Datengrundlage für die Berechnung der Performancewerte mit mindestens fünf Probanden pro Label (29 Probanden für *Marc Cain*) Zufallsfehler nicht ausschließen kann.

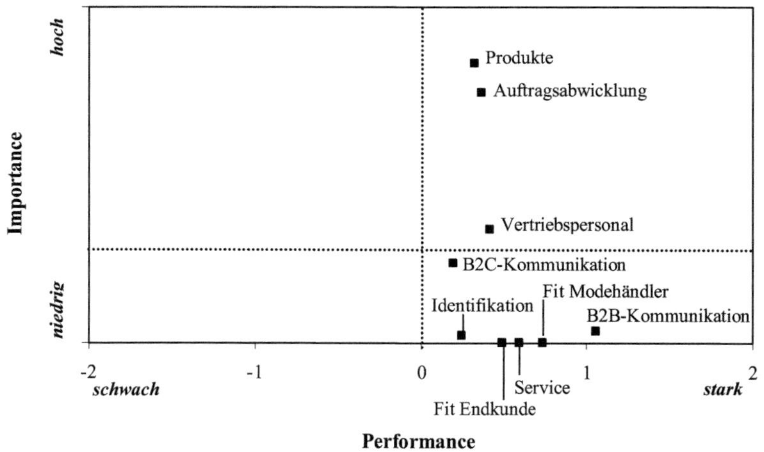

Abbildung 12: Importance-Performance-Matrix von Marc Cain

Die Berechnung der Importance-Performance-Matrizen für die jeweiligen Labels ermöglicht im Gegensatz zu dem vorherigen Kapitel einen Vergleich mit der Konkurrenz. Die Nulllinie der Performanceachse gibt den Branchendurchschnitt an. Dieser wird für jeden Einflussfaktor einzeln anhand der Ausprägungen aller in dieser Arbeit erfassten Untersuchungsobjekte berechnet. Die Performancewerte der neun Einflussfaktoren geben die Abweichung vom Branchendurchschnitt bzw. der Konkurrenz an. Positive Performancewerte bedeuten, dass die Performance des betrachteten Labels für den jeweiligen Faktor stärker als der Wettbewerb ist; negative Werte implizieren eine schwächere Performance im Vergleich zum Wettbewerb. Die

Importancewerte basieren auf der Berechnung der Totaleffekte für alle in der Studie untersuchten Labels.

Für das Label *Marc Cain* ergibt sich die in *Abbildung 12* dargestellte Importance-Performance-Matrix. Die Ergebnisse verdeutlichen, dass das Label *Marc Cain* eine sehr gute Position gegenüber der Konkurrenz einnimmt; alle Einflussfaktoren des Orderverhaltens weisen Performancewerte deutlich über dem Branchendurchschnitt auf. Demnach existiert kein akuter Verbesserungsbedarf hinsichtlich einzelner Erfolgsfaktoren. Besonders zeichnet sich *Marc Cain* durch seine B2B-Kommunikationsmaßnahmen aus, da sie den höchsten Performancewert erzielen. Um sich von der Konkurrenz weiterhin abzugrenzen, kann *Marc Cain* diesen Wettbewerbsvorsprung zur Differenzierung gegenüber der Konkurrenz einsetzen.
Ein sehr ähnliches Bild ergibt sich für das Label *Marc O'Polo* (vgl. *Abbildung 13*).

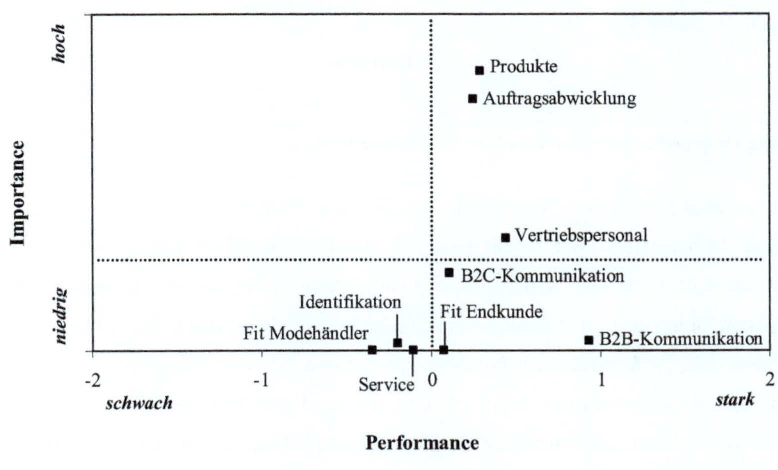

Abbildung 13: Importance-Performance-Matrix für Marc O' Polo

Auch für *Marc O'Polo* stellen die relevantesten Erfolgsfaktoren des Orderprozesses zugleich Stärken des Unternehmens dar. Somit nimmt *Marc O'Polo* eine starke Position gegenüber der Konkurrenz ein und es besteht kein Handlungsbedarf einzelne Faktoren in naher Zukunft zu verbessern. Lediglich der Fit zum Modehändler, die Identifikation des Einkäufers mit *Marc O'Polo* und der Service schneidet verglichen mit dem Branchendurchschnitt schlechter ab. Da diese Faktoren jedoch einen sehr niedrigen bis gar keinen signifikanten Einfluss auf die Orderentscheidung ausüben, empfiehlt es sich nicht, große Ressourcen für dessen Verbesserung einzusetzen.

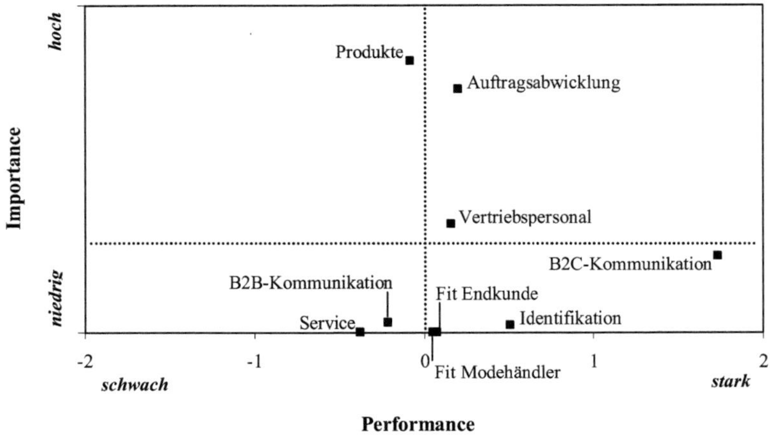

Abbildung 14: Importance-Performance-Matrix für Schumacher

Die Importance-Performance-Matrix für das jüngere Designerlabel *Schumacher* ist in *Abbildung 14* dargestellt. Wie bereits mehrfach erläutert, beeinflusst die Zufriedenheit mit den Produkten die Entscheidung der Einkäufer ein bestimmtes Fashionlabel wieder zu ordern, am stärksten. Somit sind die Produkte von zentraler Bedeutung für den Erfolg eines Modeunternehmens. Die Performance der Produkte von *Schumacher* liegt knapp unter dem Branchendurchschnitt, dies bedeutet, dass Einkäufer, die das Label *Schumacher* ordern, weniger mit den Produkten zufrieden sind als Einkäufer anderer Fashionlabels. Daher ist die Optimierung der Produkte zu empfehlen. Ansatzpunkte, wie sich die Zufriedenheit mit den Produkten erhöhen lässt, sind in dem vorherigen *Kapitel 5.1* dargestellt. Deutlich über dem Branchendurchschnitt liegt die Performance der B2C-Kommunikation. Da die B2C-Kommunikationsmaßnahmen die Orderentscheidung nicht unerheblich beeinflussen, kann das Label *Schumacher* diese zur Abgrenzung gegenüber dem Wettbewerb einsetzen.

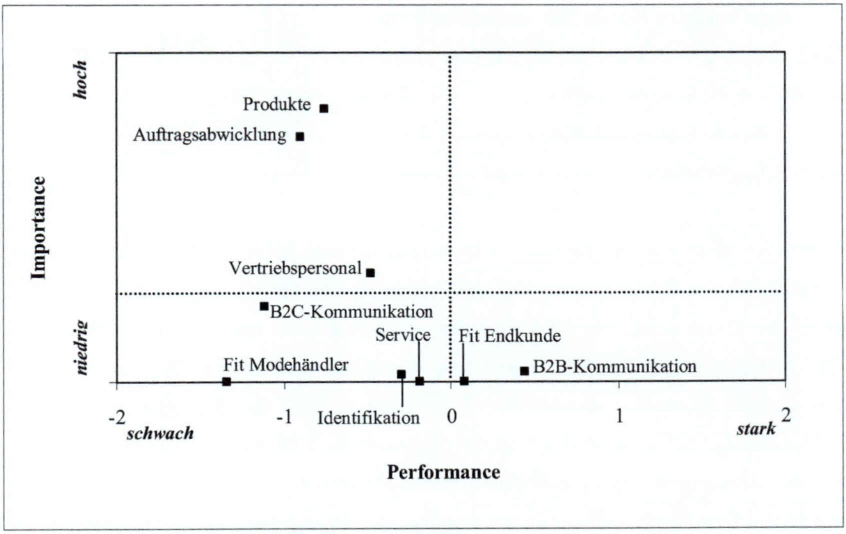

Abbildung 15: Importance-Performance-Matrix Hugo Boss

Die Betrachtung der Importance-Performance-Matrix von *Hugo Boss* anhand *Abbildung 15* verdeutlicht, dass die Produkte, die Auftragsabwicklung und das Vertriebspersonal negative Performancewerte aufweisen. Das bedeutet, dass *Hugo Boss* bei diesen Faktoren schwächer als die Konkurrenz abschneidet. Diese Faktoren besitzen eine hohe bis sehr hohe Relevanz für den Abschluss einer Order und sind damit maßgeblich für den ökonomischen Erfolg des Modeherstellers verantwortlich. Daher sollte das Management des Labels mit höchster Priorität an der Verbesserung der Produkte, der Auftragsabwicklung und des Vertriebspersonals arbeiten. Konkrete Handlungsempfehlungen für die Optimierung dieser bedeutenden Faktoren sind in *Kapitel 5.1* aufgeführt. Eine weniger starke, jedoch nicht unerhebliche Relevanz für die Einkäufer nehmen die B2C-Kommunikationsmaßnahmen ein. Die Performance dieses Faktors ist verglichen mit dem Wettbewerb als schwach zu bewerten, daher empfiehlt es sich ebenfalls die Kommunikation gegenüber den Endkunden zu stärken. Eine deutlich positive Performance erreicht *Hugo Boss* für die Faktoren B2B-Kommunikation und Fit zum Endkunden. Zwar beeinflussen sie die Orderentscheidung nicht signifikant, dennoch kann man sie im Verkaufsgespräch zur Abgrenzung gegenüber der Konkurrenz kommunizieren.

5.3 Implikationen für die Marketingforschung

Nachdem in dem vorherigen Kapitel aus dem Modell zur Erklärung des Orderverhaltens eine Vielzahl von Handlungsempfehlungen für die Marketingpraxis abgeleitet werden konnten, gilt es in diesem Kapitel aufzuzeigen, welche Relevanz das entwickelte Wirkungsgefüge für die Marketingforschung besitzt und inwieweit weiterer Forschungsbedarf besteht.

Die Ergebnisse der vorliegenden Studie leisten einen hohen Erkenntnisbeitrag in Bezug auf die Erklärung von Erfolgsfaktoren des Orderverhaltens, da bisher keine Studien existieren, welche die Themenkomplexe Modemarketing, B2B-Marketing und Orderverhalten kombiniert untersuchen. Eine zentrale Abgrenzung dieser Studie besteht dabei in der Untersuchungseinheit. So wurden ausschließlich Mitarbeiter aus dem nachfragenden Unternehmen der Modehändler betrachtet und befragt. Im Gegensatz dazu führen viele Studien eine Befragung des Managements der herstellenden Unternehmen durch, welche ein unmittelbares Interesse an den Forschungsergebnissen haben und somit eine grundsätzlich höhere Auskunftsbereitschaft aufweisen. Im Vergleich mit diesen Studien besitzt die vorliegende Arbeit eine höhere Güte, da die unmittelbar für den Kauf- bzw. die Order verantwortlichen Einkäufer befragt wurden.

Die Konzeption des Untersuchungsmodells erfolgte unter Einbeziehung sowohl verschiedener theoretischer Bezugspunkte als auch der Erkenntnisse früherer Forschungsarbeiten, was die wissenschaftliche Vorgehensweise dieser Arbeit belegt. So konnte erstmalig ein Modell zur Erklärung des Orderverhaltens im Modefacheinzelhandel konzipiert werden, welches zudem ein großes Spektrum theoretisch und empirisch untersuchter Einflussfaktoren der Einstellung einbezieht. Dabei zeichnen sich die harten Faktoren Zufriedenheit mit den Produkten und Zufriedenheit mit der Auftragsabwicklung als signifikante Einflussfaktoren der Einstellung aus. Eine positive Einstellung der Einkäufer gegenüber dem Fashionlabel erhöht wiederum die Wiederkaufabsicht und steuert damit den Erfolg einer Order. Die weichen Faktoren üben hingegen keinen signifikanten Einfluss auf die Einstellungsbildung aus, was einen hohen Erkenntnisgewinn für das Management der Modehersteller bedeutet.

Ein weiterer Beitrag dieser Arbeit liegt in der erstmaligen Befragung zu den Konstrukten „Fit zum Unternehmen" und „Fit zur Person". Die Einbeziehung dieser Determinanten in das Untersuchungsmodell erfüllt den Forschungsauftrag von *Bausback*.[477] Mit der Eingrenzung des Untersuchungsobjekts „Fashionlabel“ und der Untersuchungseinheit „Einkäufer des Modefacheinzelhandels“ wurde das B2B-Kaufverhalten in einen neuen Kontext gestellt und die Themenstellung eindeutig determiniert. So ließen sich aussagekräftige Implikationen gezielt für eine spezielle Branche ableiten, was der Forderung vieler Studien aus dem B2B-Kontext nachkommt.[478]

Neben der Zusammenfassung der neuen Erkenntnisse für die Forschung gilt es im Folgenden, auf einige Restriktionen dieser Studie hinzuweisen, die teilweise zugleich als Anknüpfungspunkte für weitere Forschungsarbeiten dienen können. An dieser Stelle ist zu betonen, dass es mit dem Beziehungsgefüge im allgemeinen Modell zwar gelungen ist, 22% der Varianz der Einstellung und 38% der Varianz der Wiederkaufabsicht zu erklären, diese Zahlen weisen jedoch auf die Existenz weiterer Einflussfaktoren des Orderverhaltens hin. Diese gilt es in zukünftigen Forschungsarbeiten bspw. mittels Faktorenanalyse zu evaluieren. Weiterhin besteht die Möglichkeit, die Güte des Strukturmodells durch eine für die Besonderheiten des Modefacheinzelhandels ausgerichtete Operationalisierung der Konstrukte zu erhöhen. Zukünftige Untersuchungen, die geringeren zeitlichen und kostenmäßigen Restriktionen unterworfen sind könnten qualitative Vorstudien (bspw. mittels Expertengesprächen) zur Entwicklung reliabler und valider Messskalen durchführen. Ebenfalls interessant ist die Fragestellung, wie genau das Management der Modehersteller die Zufriedenheit ihrer Einkäufer mit den harten Faktoren positiv beeinflussen kann. So könnten weitere Studien das Untersuchungsdesign abändern und Determinanten der harten Faktoren bspw. durch qualitative Forschungsmethoden untersuchen.

Diese Studie befasst sich ausschließlich mit dem Orderverhalten des Modefacheinzelhandels von kleinen Betrieben, bei denen die Inhaber die Entscheidungen alleine treffen. Die Erkenntnisse früherer Studien zeigen, dass in großen Unternehmen hingegen mehrere Personen, das sogenannte Buying Center, die Orderentscheidung beeinflusst. Interessant wäre es daher zu untersuchen, welche Unterschiede sich in Abhängigkeit der Betriebsgröße ergeben. So könnten zukünftige Studien größere Modehändler wie filialisierte Einzelhändler oder Warenhäuser befragen. Daneben bietet die Untersuchung von Kontextfaktoren Ansatzpunkte für weitere

[477] Vgl. Bausback (2007), S. 296.
[478] Vgl. z. B. Haverila/Naumann (2010), S. 59; Glynn/Motion/Brody (2007), S. 407.

Forschungsvorhaben, welche ebenfalls das Orderverhalten von Fashionlabels untersuchen. Innerhalb dieser Studie beschränkte sich der Gruppenvergleich auf Moderatoren der Kontextbereiche Kaufsituation und Unternehmen. Vorstellbar wären weitere Variablen, die in Zusammenhang mit dem Individuum stehen, wie bspw. Expertise oder Erfahrung. Die Integration dieser Moderatoren könnte neue Erkenntnisse für die Wirkungszusammenhänge des Modells liefern.

Eine weitere Restriktion dieser Arbeit liegt in der Befragung von Probanden, welche ausschließlich aus dem deutschsprachigen Raum stammen. Diese Einschränkung wurde aus Gründen der Aufwands- und Komplexitätsbegrenzung in Kauf genommen. Zukünftige Studien, welche eine internationale Befragung durchführen, könnten die Auswirkung kultureller Unterschiede auf die Einflussfaktoren des Orderverhaltens untersuchen. Zusätzlich ist an dieser Stelle zu betonen, dass es mit der Online- und persönlichen Befragung der schwer zu erreichenden Unternehmen zwar gelungen ist einen Datensatz von 119 Probanden zu generieren, dennoch ließe sich die Repräsentativität der Stichprobe durch eine größere Anzahl von Probanden erhöhen. Neben den Einschränkungen der Datengrundlage resultieren in dieser Studie Restriktionen aus dem Untersuchungsdesign. Die Betrachtung der Orderentscheidung für ein Fashionlabel war nur statisch. Weitere Studien könnten auftretende Veränderungen des Orderverhaltens im Zeitablauf untersuchen.

Abschließend sei im Hinblick auf die Methodik darauf hingewiesen, dass die Daten dieser Studie einer schriftlichen Befragung entstammen. In der Kundenverhaltensforschung haben sich in der letzten Zeit auch neue Methoden der Gehirnforschung als äußerst erfolgreich herausgestellt.[479] Diese ermöglichen es, unbewusste Vorgänge der Kunden sichtbar zu machen und eignen sich damit sehr gut, emotionale bzw. weiche Faktoren messbar zu machen. Da diese Methoden sehr aufwändig und kostenintensiv sind, konnten sie in der vorliegenden Arbeit nicht eingesetzt werden, jedoch wäre ihr Einsatz in zukünftigen Studien in Bezug auf die resultierenden Ergebnisse sehr spannend.

---

[479] Vgl. Behrens/Neumaier (2004), S. 19 f.

6 Schlussbetrachtung

Die Modebranche befindet sich durch die steigende Anzahl erfolgreicher Online-Shopping-Portale, Vertikalisten und Discounter im Wandel. Trotz dieser steigenden Konkurrenz ist der traditionelle Modefacheinzelhandel auch zukünftig ein wichtiger Absatzkanal für die Modehersteller. Durch die Besonderheiten der Modebranche, wie der Schnelllebigkeit, und durch aktuelle Entwicklungen, wie der Zunahme der Kollektionen, ergeben sich neue Problemfelder, mit denen die Modehersteller konfrontiert sind. Langfristig gesehen resultiert hieraus die Notwendigkeit, den Erfolg des Orderverhaltens zu erklären, um Stellhebel für dessen Beeinflussung ableiten zu können. Die Ausführungen zeigen, dass ein Forschungsdefizit für die Kombination der Themenkomplexe Mode- und B2B-Marketing sowie Orderverhalten existiert.

Vor diesem Hintergrund steht die Entwicklung und empirische Überprüfung eines Modells zur Erklärung relevanter Einflussfaktoren des Orderverhaltens im Mittelpunkt der vorliegenden Arbeit. Abschließend erfolgt eine kurze Zusammenfassung der wichtigsten Erkenntnisse, in dem die in *Kapitel 1* aufgestellten Forschungsfragen in knapper Form beantwortet werden.

Forschungsfrage 1:

Welche sind die zentralen Einflussfaktoren des Orderverhaltens im Modefacheinzelhandel?

Auf Basis theoretischer Grundlagen, der Erkenntnisse bisheriger Forschungsarbeiten und eigener Plausibilitätsüberlegungen haben die Faktoren Fit zum Modehändler, Fit zum Endkunde, personale Identifikation, Einstellung gegenüber B2B-Kommunikationsmaß-nahmen, Einstellung gegenüber B2C-Kommunikationsmaßnahmen sowie die Zufriedenheit mit den Produkten, mit dem Vertriebspersonal, mit der Auftragsabwicklung und mit dem Service als Determinanten der Einstellung Eingang in die Untersuchung erlangt. Ein positiver Wirkungszusammenhang ließ sich zudem für die Einstellung der Einkäufer auf deren Wiederkaufabsicht postulieren. Im Ergebnis hat sich der Einfluss der Zufriedenheit mit den Produkten und der Zufriedenheit mit der Auftragsabwicklung auf die Einstellung und die Wirkung der Einstellung auf die Wiederkaufabsicht als signifikant bestätigt.

Forschungsfrage 2:

Welcher Unterschied besteht zwischen ökonomischen und emotionalen Einflussfaktoren des Orderverhaltens?

Die Konzeptualisierung des Untersuchungsmodells führt zu einer Unterteilung der Einflussfaktoren in ökonomische und emotionale Faktoren. Wie die Ergebnisse der Untersuchung zeigen, besteht ein Unterschied zwischen ökonomischen und emotionalen Einflussfaktoren, da nur die ökonomischen Faktoren die Einstellung der Einkäufer signifikant beeinflussen. Im Umkehrschluss wirken sich die Ausprägungen der emotionalen Faktoren nicht auf das Orderverhalten aus. Vor diesem Hintergrund sollte das Management der Modelabels eine hohe Priorität auf die vorteilhafte Ausgestaltung der ökonomischen Einflussfaktoren legen. Unter den ökonomischen Faktoren weisen die Zufriedenheit mit den Produkten und die Zufriedenheit mit der Auftragsabwicklung die höchste Wichtigkeit auf.

Forschungsfrage 3:

Wie unterscheiden sich die ökonomischen und emotionalen Einflussfaktoren des Orderverhaltens bei unterschiedlichen Kontextfaktoren?

Die vorliegende Studie identifiziert die Qualität der Geschäftsbeziehung, die Länge der Geschäftsbeziehung sowie die Kaufhäufigkeit als wichtige Kontextfaktoren. Aufgrund mangelnder Eignung des Datenmaterials zur Gruppierung lässt sich ein moderierender Einfluss der Kaufhäufigkeit nicht überprüfen. Der Modellvergleich anhand der Qualität der Geschäftsbeziehung kommt zu dem Ergebnis, dass die ökonomischen Faktoren Zufriedenheit mit den Produkten, mit dem Vertriebspersonal und der Auftragsabwicklung die Einstellung der Einkäufer mit einer niedrigen Beziehungsqualität signifikant stärker beeinflussen als bei den Einkäufern mit einer hohen Beziehungsqualität. In Abhängigkeit der Länge der Geschäftsbeziehung variiert der Einfluss der ökonomischen und emotionalen Faktoren hingegen nur minimal für die Zufriedenheit mit der Auftragsabwicklung. Basierend auf diesen Erkenntnissen resultiert die Empfehlung, dass die Modehersteller ihr Marketing-Management nicht unabhängig von den Kontextfaktoren durchführen sollten.

Literaturverzeichnis

Aaker, David A.; Keller, Kevin Lane (1990): Consumer Evaluations of Brand Extensions, in: Journal of Marketing, Vol. 54, January, S. 27-41.

Abdul-Muhmin, Alhassan G. (2005): Instrumental and interpersonal determinants of relationship satisfaction and commitment in industrial markets, in: Journal of Business Research, Vol. 58, S. 619-628.

Ahlert, Dieter; Große-Bölting, Kristin; Heinemann, Gerrit (2009): Handelsmanagement in der Textilwirtschaft: Einzelhandel und Wertschöpfungsketten, Frankfurt am Main.

Ahlert, Dieter; Große-Bölting, Kristin; Heinemann, Gerrit; Rohlfing, Maja (2006): Internationalisierung im Bekleidungseinzelhandel, in: Ahlert, Dieter (Hrsg.): IMADI.net-Projektbericht 7, Münster.

Ahlert, Dieter; Schröder, Hendrik (2001): Strategische Erfolgsforschung und Benchmarking in Handel und Distribution, in: Münsteraner Schriften zur Distributions- und Handelsforschung, Band 3, 2. Auflage, Münster.

Ahlert, Dieter; Markmann, Frank (1999): Strategisches Marketing-Management im Bekleidungseinzelhandel, in: Arnold Hermanns; Wolfgang Schmitt, Urban Kilian Wissmeier (Hrsg.). : Handbuch Modemarketing – Grundlagen, Analysen, Strategien, Instrumente, Ansätze für Praxis und Wissenschaft, 2. Auflage, Frankfurt am Main.

Ajzen, Icek (2001): Nature and Operation of Attitudes, in: Annual Review of Psychology, Vol. 52 Issue 1, S. 27-58.

Ajzen, Icek (1993): Attitude Theory and the Attitude-Behavior Relation, in: Krebs, Dagmar: Schmidt, Peter (Hrsg.): New Directions in Attitude Measurement, Berlin, 1993, S. 41-57.

Ajzen, Icek (1985): From Intentions to Actions: A Theory of Planned Behavior, in: Kuhl, Julius; Beckmann, Jürgen (Hrsg.): Action Control: From Cognition to Behavior, Heidelberg, S. 11-39.

Algesheimer, René; Dholakia, Utpal M.; Herrmann, Andreas (2005): The Social Influence of Brand Community: Evidence from European Car Clubs, in: Journal of Marketing, Vol. 69, July, S. 19-34.

Anja Gockel (2011): Homepage des Designer-Fashionlabels, http://www.anja-gockel.de/, letzter Abruf: 19. Mai 2011.

Anderson, Eugene W.; Mittal, Vikas (2000): Strengthening the Satisfaction-Profit Chain, in: Journal of Service Research, Vol. 3, No. 2, S. 107-120.

Anderson, Eugene W.; Fornell, Claes; Rust, Roland T. (1997): Customer Satisfaction, Productivity, and Profitability: Differences between Goods and Services, in: Marketing Science, Vol. 16, No. 2, S. 129-145.

Anderson, Eugene W.; Sullivan, Mary W. (1993): The Antecedents and Consequences of Customer Satisfaction for Firms, in: Marketing Science, Vol. 12, No. 2, S. 125-143.

Anderson, Erin; Chu, Wujin; Weitz, Barton (1987): Industrial Purchasing: An Empirical Exploration of the Buyclass Framework, in: Journal of Marketing, Vol. 51, S. 71-86.

Anderson, James C.; Gerbing, David W. (1982): Some Methods for Respecifying Measurement Models to Obtain Unidimensional Construct Measurement, in: Journal of Marketing Research, Vol. 19, No. 4, S. 453-460.

Andreasen, Alan R.; Best, Arthur (1977): Consumers complain- does business respond?, in: Harvard Business Review, Vol. 55, Issue 4, S. 93-101.

Asendorpf, Jens B. (1999): Psychologie der Persönlichkeit, 2. Auflage, Berlin.

Backhaus, Klaus; Voeth, Markus (2010): Industriegütermarketing, 9. Auflage, München.

Backhaus, Klaus; Erichson, Bernd; Plinke, Wulff; Weiber, Rolf (2003): Multivariate Analysemethoden: Eine anwendungsorientierte Einführung, 4. Aufl., Berlin und Heidelberg.

Bamberg, Stefan (1996): Allgemeine oder spezifische Einstellungen bei der Erklärung umweltschonenden Verhaltens?: Eine Erweiterung der Theorie des geplanten Verhaltens um Einstellungen gegenüber Objekten, in: Zeitschrift für Sozialpsychologie, 27. Jg. (1996), S. 47-60.

Barth, Klaus; Hartmann, Michaela; Schröder, Hendrik (2007): Betriebswirtschaftslehre des Handels, 6. Auflage, Wiesbaden.

Barksdale Jr., Hiram C.; Powell, Terry E.; Hargrove, Earnestine (1984): Complaint Voicing by Industrial Buyers, in: Industrial Marketing Management, Vol. 13, Issue 2, S. 93-99.

Baumgarth, Carsten (2003): Wirkungen des Co-Brandings- Erkenntnisse durch Mastertechnikpluralismus, Wiesbaden.

Baumgarth, Carsten (2000): Methoden der Markenfitanalyse, in: Planung & Analyse, Heft 5, S. 48-52.

Bausback, Nadine (2007): Positionierung von Business-to-Business-Marken, Wiesbaden.

Bearden, William O.; Teel, Jesse E. (1983): Selected Determinants of Consumer Satisfaction and Complaint Reports, in: Journal of Marketing Research, Vol. XX, S. 21-28.

Behrens, Gerold; Neumaier, Maria (2004): Der Einfluss des Unbewussten auf das Konsumentenverhalten, in: Gröppel-Klein, Andrea (Hrsg.): Konsumentenverhaltensforschung im 21. Jahrhundert, 1.Auflage, Wiesbaden, S. 3-28.

Bendixen, Mike; Bukasa, Kalala A.; Abratt, Russell (2004): Brand equity in the business-to-business market, in: Industrial Marketing Management, Vol. 33, No. 5, S. 371-380.

Berth, Rolf (1963): Wähler- und Verbraucher-Beeinflussung, Empirische Grundlagen und theoretische Ansätze, Stuttgart.

Beverland, Michael (2004): Uncovering "theories-in-use": building luxury wine brands, in: European Journal of Marketing, Vol. 38, Issue 3/4, S. 446-466.

Bhardwaj, Vertica; Fairhurst, Ann (2010): Fast fashion: response to changes in the fashion industry, in: International Review of Retail, Distribution & Consumer Research, Vol. 20, Issue 1, S. 165-173.

Bhattacharya, C. B.; Sen, Sankar (2003): Consumer-Company Identification: A Framework for Understanding Consumers' Relationships with Companies, in: Journal of Marketing, Vol. 67, Issue 2, S. 76-88.

Bilsky, Wolfgang; Schwartz, Shalom H. (1994): Values and personality, in: European Journal of Personality, Vol. 8 (1994), S. 163-181.

Bollen, Kenneth A.; Lennox, Richard (1991): Conventional Wisdom on Measurement: A Structural Equation Perspective, in: Psychological Bulletin, Vol. 110, No. 2, S. 305-314.

Bollen, Kenneth A. (1989): Structural Equations with Latent Variables, New York.

Bolton, Ruth N.; Lemon, Katherine N.; Verhoef, Peter C. (2008): Expanding Business-to-Business Customer Relationships: Modeling the Customer's Upgrade Decision, in: Journal of Marketing, Vol. 72, January, S. 46-64.

Brackett, Lana K.; Carr Jr., Benjamin N. (2001): Cyberspace Advertising vs. Other Media: Consumer vs. Mature Student Attitudes, in: Journal of Advertising Research, Vol. 41, Issue 5, S. 23-32.

Brandmeyer, Klaus (1999): Marke und Markentechnik, in: Hermanns, Arnold; Schmitt, Wolfgang; Wißmeier, Urban Kilian (Hrsg.): Handbuch Modemarketing: Grundlagen-Analysen-Strategien-Instrumente; Ansätze für Praxis und Wissenschaft, 2.Auflage, Band 2, Frankfurt am Main, 1999, S. 1235-1256.

Braunstein, Christine (2001): Einstellungsforschung und Kundenbindung: Zur Erklärung des Treueverhaltens von Konsumenten, Wiesbaden.

Brewer, Marilynn B. (1991): The Social Self: On Being the Same and Different at the Same Time, in: Personality and Social Psychology Bulletin, Vol. 17, No. 5, S. 475-482.

Brown, Brian P.; Bellenger, Danny N.; Wesley, Johnston J. (2007): The Implications of Business-to-Business and Consumer Market Differences for B2B Branding Strategy, in: Journal of Business Market Management, Vol. 1, 2007/3, S. 209-229.

Brown, Rupert; Condor, Susan; Mathews, Audrey; Wade, Gillian; Williams, Jennifer (1986): Explaining intergroup differentiation in an industrial organization, in: Journal of Occupational Psychology, Vol. 59, Issue 4, S. 273-286.

Bruhn, Manfred (1997): Kommunikationspolitik: Grundlagen der Unternehmenskommunikation, München.

Bucklin Louis P.; Sengupta, Sanjit (1993): Organizing successful co-marketing alliances, in: Journal of Marketing, Vol. 54, S. 32- 46.

Bülbül, Cenk; Menon, Geeta (2010): The Power of Emotional Appeals in Advertising: The Influence of Concrete Versus Abstract Affect On Time-Dependent Decisions, in: Journal of Advertising Research, Vol. 50, Issue 2, S. 169-180.

Büttner, Miriam; Huber, Frank; Regier, Stefanie; Vollhardt, Kai (2008): Phänomen Luxusmarke: Identitätsstiftende Effekte und Determinanten der Markenloyalität, 2. Auflage, Wiesbaden.

Burberry (2002): Burberry group global offer of shares, in: Burberry IPO Prospectus, Summer.

Burton, Scot; Lichtenstein, Donald R. (1988): The Effect of Ad Claims and Ad Context on Attitude Toward the Advertisement, in: Journal of Advertising, Vol. 17, No. 1, S. 3-11.

Brady, Michael K.; Cronin, Joseph J. Jr. (2001): Some new thoughts on conceptualizing perceived service quality: a hierarchical approach, in: Journal of Marketing, 65 (July), S. 34-49.

Brown, Gene; Boya, Unal O.; Humphreys, Neil; Widing, Robert E. (1993): Attributes and Behaviors of Salespeople Preferred by Buyers: High Socializing vs. Low Socializing Industrial Buyers, in: Journal of Personal Selling & Sales Management, Vol. 13, Issue 1, S. 25-33.

Bruhn, Manfred (2001): Relationship Marketing, Stuttgart.

Cardozo, Richard N.; Cagley, James W. (1971): Experimental Study of Industrial Buyer Behavior, in: Journal of Marketing Research, Vol. 8, Issue 3, S. 329-333.

Carroll, Angela (2009): Brand Communications in fashion categories using celebrity endorsement, in: Brand Management, Vol. 17, No. 2, S. 146-158.

Chandrashekaran, Murali; Rotte, Kristin; Tax, Stephen S.; Grewal, Rajdeep (2007): Satisfaction Strength and Customer Loyalty, in: Journal of Marketing Research, Vol. 44, February, S. 153-163.

Chanel (2011): Blog, http://chanel-news.chanel.com/en/, letzter Abruf: 08. Mai 2011.

Chin (2000): Frequently Asked Questions – PLS and PLS Graph, http://disc-nt.cba.uh.edu/chin/plsfaq.htm

Choffray, Jean-Marie; Lilien, Gary L. (1978): Assessing Response to Industrial Marketing Strategy, in: Journal of Marketing, Vol. 42, Issue 2, S. 20-31.

Choi, Tsan-Ming; Liu, Na; Liu, Shuk-Ching; Mak, Joseph; To, Yeuk-Ting (2010): Fast fashion brand extensions: An empirical study of consumer preferences, in: Journal of Brand Management, Vol. 17, Issue 7, S. 472-487.

Cohrs, Jan Christopher (2003): Von konstruktiven Patrioten und schwarzen Schafen: Nationale Identifikation und Engagement gegen Fremdenfeindlichkeit, Dissertation, Universität Bielefeld, Bielefeld 2003.

Conner, Barbara Hunt; Peters, Kathleen; Nagasawa, Richard H. (1975): Person and Costume: Effects on the Formation of First Impressions, in: Home Economics Research Journal, Vol. 4, Issue 1, S. 32-41.

Cooil, Bruce; Keiningham, Timothy L.; Aksoy, Lerzan; Hsu, Michael (2007): A Longitudinal Analysis of Customer Satisfaction and Share of Wallet: Investigating the Moderating Effect of Customer Characteristics, in: Journal of Marketing, Vol. 71, Issue 1, S. 67-83.

Cooper, Danielle; Thatcher, Sherry M. (2010): Identification in Organizations: The Role of Self-Concept Orientations and Identification Motives, in: Academy of Management Review, Vol. 35, Issue 4, S. 516-538.

Cooper, Bixby M.; Dröge, Cornelia; Daugherty Patricia J. (1991): How Buyers and Operations Personnel Evaluate Service, in: Industrial Marketing Management, Vol. 20, S. 81-85.

Cronin, Joseph J. Jr./Brady, Michael K./Hult, G. Thomas M. (2000): Assessing the Effects of Quality, Value, and Customer Satisfaction on Consumer Behavioral Intentions in Service Environments, in. Journal of Retailing, Vol. 79, Nr. 2, S. 193-218.

Cronin, Joseph J. Jr.; Taylor, Steven A. (1994): SERVPERF versus SERVQUAL: Reconciling Performance-Based and Perceptions-Minus-Expectations Measurement of Service Quality, in: Journal of Marketing Vol. 58, No. 1 (January), S. 125-131.

Cronin, Joseph J. Jr.; Taylor, Steven A. (1992): Measuring Service Quality: A Re-Examination and Extension, in: Journal of Marketing, Vol. 56, No. 3, S. 55-68.

Czepiel, John A. (1990): Service encounters and service relationships: implications for research, in: Journal of Business Research, Vol. 20, Issue 1, S. 13-21.

Dahan, Gresi S.; Peltekoglu, Filiz Balta (2011): The Effects of Zara to the SMEs of Emerging Market, in: Journal of Global Fashion Marketing, Vol. 2, No. 1, S. 1-10.

De Wulf, Kristof; Odekerken-Schröder, Gaby; Iacobucci, Dawn (2001): Investments in Consumer Relationships: A Cross-Country and Cross-Industry Exploration, in: Journal of Marketing, Vol. 65, Issue 4, S. 33-50.

Der Handel (2011): http://www.derhandel.de/news/unternehmen/pages/Textilfachhandel-Modehaendler-melden-steigende-Umsaetze-7191.html.

Diller, Hermann (2001): Vahlens großes Marketinglexikon, Band 1, 2. Auflage, München.

Doyle, Peter (1989): Building Successful Brands: The Strategic Options, in: Journal of Marketing Management, Vol. 5, Issue 1, S. 77-95.

Dubois, Bernard; Paternault, Claire (1995): Observations: Understanding the World of International Luxury Brands: the Dream Formula, in: Journal of Advertising Research, Vol. 35, Issue 4, S. 69-77.

Dubois, Bernard; Patrick Duguesne (1993): Polarization Maps: A New Approach to Identifying and Assessing Competitive Position - The Case of Luxury Brands, in. Marketing and Research Today, Vol. 21 (May), S. 115-123.

Ducoffe, Robert H. (1996): Advertising value and advertising on the Web, in: Journal of Advertising Research, Vol. 36, No. 5, S. 21-35.

Ducoffe, Robert H. (1995): How consumers asses the value of advertising, in: Journal of Current Issues and Research in Advertising, Vol. 17, No. 1, S. 1-18.

Easy, Mike (2009): Fashion Marketing, 3rd edition, West Sussex.

Efron, Bradley; Tibshirani, Robert J. (1993): An Introduction to the Bootstrap, New York.

Efron, Bradley; Gong, Gail (1983): A Leisurely Look at the Bootstrap, the Jackknife and Cross-Validation, in: The American Statistician, Vol. 37, No. 1, S. 36-48.

Eickhoff, Markus (1997): Erfolgsforschung im Bekleidungseinzelhandel: eine empirische Analyse erfolgreicher Unternehmen im deutschen und US-amerikanischen Facheinzelhandel mit Oberbekleidung, in: Ahlert, Dieter (Hrsg.): Schriften zu Distribution und Handel, Band 23, Frankfurt am Main, 1997.

Elliott, Michael T.; Speck, Paul Surgi (1998): Consumer Perceptions of Advertising Clutter and Its Impact Across Various Media, in: Journal of Advertising Research, Vol. 38, Issue 1, S. 29-41.

Epstein, Seymour (1977): Traits are Alive and Well, in: Magnusson, David; Endler, Norman S. (Hrsg.): Personality at the Crossroads, Hillsdale 1977, S. 83-98.

Esch, Franz Rudolf; Langner, Tobias (2003): Branding als Grundlage zum Markenaufbau, in: Esch, Franz Rudolf (Hrsg.): Moderne Markenführung, 3. Aufl., Wiesbaden, S. 437-450.

Ettenson, Richard; Wagner, Janet (1986): Retail Buyer's Saleability Judgements: A Comparison of Information Use Across Three Levels of Experience, in: Journal of Retailing, Vol. 62, No. 1, S. 41-63.

Facebook TW (2011): Facebook Portal der Textilwirtschaft, http://www.facebook.com/home.php#!/TextilWirtschaft, letzter Abruf: 19. Mai 2011.

Fazio, Russell H. (1990): Multiple Processes by Which Attitudes Guide Behavior: The Mode Model as Integrative Framework, in: Advances in Experimental Social Psychology, Vol. 23, S. 75-109.

Fionda, Antoinette M.; Moore, Christopher M. (2009): The anatomy of the luxury fashion brand, in: Brand Management, Vol.16, Issue 5/6, S. 347-363.

Fishbein, Martin; Ajzen, Icek (1975): Belief, Attitude, Intention and Behavior: an Introduction to Theory and Research, Reading 1975.

Fournier, Susan (1998): Consumers and Their Brands: Developing Relationship Theory in Consumer Research, in: Journal of Consumer Research, Vol. 24, No. 3, S. 343-373.

Fournier, Susan; Yao, Julie L. (1997): Reviving Brand Loyalty: A Reconceptualization Within the Framework of Consumer-Brand Relationships, in: International Journal of Research in Marketing, Vol. 14, S. 451-472.

Fournier, Susan (1994): A Consumer-Brand Relationship Framework for Strategic Brand Management, unveröffentlichte Dissertation, University of Florida.

Fornell, Claes; Johnson, Michael D.; Anderson, Eugene W.; Cha, Jaesung; Bryant, Barbara Everitt (1996): The American Customer Satisfaction Index: Nature, Purpose, and Findings, in: Journal of Marketing, Vol. 60, October 1996, S. 7-18.

Fornell, Claes; Cha, Jaesung (1994): Partial Least Squares, in: Bagozzi, Richard P. (Hrsg.): Advanced Methods of Marketing Research, Cambridge (MA), S. 52-78.

Fornell, Claes (1992): A national customer satisfaction barometer: The Swedish experience, in: Journal of Marketing, Vol. 56, January, S. 6-21.

Fornell, Claes; Bookstein, Fred L. (1982): Two Structural Equation Models: LISREL and PLS Applied to Consumer Exit-Voice Theory, in: Journal of Marketing Research, Vol. 19, No. 4, S. 440-452.

Foscht, Thomas; Swoboda, Bernhard (2007): Käuferverhalten: Grundlagen- Perspektiven- Anwendungen, 3.Auflage, Wiesbaden.

Frenzen, Jonathan; Nakamoto, Kent (1993): Structure, cooperation, and the flow of market information, in: Journal of Consumer Research, Vol. 20, S. 360-376.

Freutel, Aziza (2010): Immer mehr kaufen Mode online, in: Textil Wirtschaft, Sonderheft Das Jahr 2010 vom 23.12.2010, S. 125.

Fritz, Wolfgang (1995): Marketing-Management und Unternehmenserfolg, 2. Aufl., Stuttgart.

Fuchslocher, Hermann (1991): Nationale und internationale Modemessen, in: Hermanns, Arnold; Schmitt, Wolfgang; Wißmeier, Urban K. (Hrsg.): Handbuch Mode-Marketing: Grundlagen- Strategien- Instrumente; Ansätze für Praxis und Wirtschaft, Frankfurt am Main, 1991, S. 809- 832.

Fuchslocher, Hermann (1986): Abschriften im Brennpunkt, Sonderdruck zum 5. IGEDO-Symposium 1986, Düsseldorf.

Ganesan, Shankar (1994): Determinants of Long-Term Orientation in Buyer-Seller Relationships, in: Journal of Marketing, Vol. 58, S. 1-19.

Garbarino, Ellen; Johnson, Mark S. (1999): The Different Roles of Satisfaction, Trust, and Commitment in Customer Relations, in: Journal of Marketing, Vol. 63, No. 2, S. 70-87.

Gefen, David; Straub, Detmar W.; Boudreau, Marie-Claude (2000): Structural Equation Models and Regression: Guidelines for Research Practice, in: Communications of the Association for Information Systems, Vol. 4, Article 7, S. 1-79.

Georgi, Dominik (2001): Einfluss der normativen Erwartungen auf die Transaktionsqualität-Bedeutung der Beziehungsqualität, in: Bruhn, Manfred; Stauss, Dieter: Dienstleistungsmanagement Jahrbuch 2001, 1. Auflage, Wiesbaden, S. 91-116.

Giering, A. (2000): Der Zusammenhang zwischen Kundenzufriedenheit und Kundenloyalität: eine Untersuchung moderierender Effekte, 1. Auflage, Wiesbaden.

Glynn, Mark S.; Motion, Judy; Brodie, Roderick J. (2007): Sources of brand benefits in manufacturer-reseller B2B relationships, in: Journal of Business and Industrial Marketing, Vol. 22, Issue 6, S. 400-409.

Godefroid, Peter; Pförtsch, Waldemar A. (2008): Business-to-Business-Marketing in: Weis, Hans Christian (Hrsg.): Modernes Marketing für Studium und Praxis, 4. Auflage, Ludwigshafen.

Goldsmith, Ronald E.; Moore, Mary Ann; Beaudoin, Pierre (1999): Fashion innovativeness and self-concept: a replication, in: Journal of Product and Brand Management, Vol. 8, No. 1, S. 7-18.

Gotlieb, Jerry B.; Grewal, Dhruv; Brown, Stephen W. (1994): Consumer satisfaction and perceived quality: complementary or divergent constructs?, in: Journal of Applied Psychology, Vol. 79, S. 875-885.

Götz, Oliver; Liehr-Gobbers, Kerstin (2004): Analyse von Strukturgleichungsmodellen mit Hilfe der Partial-Least-Squares (PLS)-Methode, in: Die Betriebswirtschaft, 64 Jg., Nr. 6, S. 714-738.

Graeff, Timothy R . (1996): Using promotional messages to manage the effects of brand and self-image on brand evaluations, in: Journal of Consumer Marketing, Vol. 13, Issue 3, S. 4-18.

Grandke, Sven (1999): Strategische Netzwerke in der Bekleidungsindustrie, in: Picot, Arnold; Reichwald, Ralf; Franck, Egon (Hrsg.): Markt- und Unternehmensentwicklung, Wiesbaden.

Gröppel-Klein, Andrea, (2004): Verhaltenswissenschaftliche Grundlagen für die Markenführung von Konsumgütern, in: Bruhn, Manfred (Hrsg.): Handbuch Markenführung: Kompendium zum erfolgreichen Markenmanagement, 2. Auflage, Band 1, Wiesbaden, S. 321-346.

Groth, John C.; McDaniel, Stephen W. (1993): The exclusive value principle: the basis for prestige pricing", in: Journal of Consumer Marketing, Vol. 10, Issue 1, S. 10-27.

Gujarati, Damodar N. (2003): Basic Econometrics, 4. Auflage, Boston.

H&M (2006): Annual Report 2005, Stockholm.

Hahn, Carsten (2002): Segmentspezifische Kundenzufriedenheitsanalyse, Wiesbaden.

Hakansson, Hakan (1982): International Marketing and Purchasing of Industrial Goods: An Interaction Approach, London.

Hammann, Peter; Erichson, Bernd (2000): Marktforschung, 4. Auflage, Stuttgart.

Hansen, Tommy Holm; Skytte, Hans (1998): Retailer buying behavior: a review, in: The International Review of Retail, Distribution and Consumer Research, Vol. 8, Issue 3, S. 277-301.

Haverila, Matti; Naumann, Earl (2010): Customer Complaint Behavior and Satisfaction in a B2B Context: A Longitudinal Analysis, in: Journal of Service Research, Vol. 10, No. 2, S. 45-62.

Heider, Fritz (1946): Attitudes and cognitive organization, in: Journal of Psychology, Vol. 21, S. 107-112.

Herrmann, Andreas; Huber, Frank (2009): Produktmanagement: Grundlagen- Methoden- Beispiele, 2. Auflage, Wiesbaden.

Herrmann, Andreas; Huber, Frank; Kressmann, Frank (2006): Varianz- und kovarianzbasierte Strukturgleichungsmodelle – Ein Leitfaden zu deren Spezifikation, Schätzung und Beurteilung, in: Zeitschrift für betriebswirtschaftliche Forschung,Vol. 58, Februar, S. 34-66.

Herrmann, Andreas; Homburg, Christian (Hrsg.) (2000): Marktforschung, 2. Auflage, Wiesbaden.

Hermanns, Arnold; Thurm, Manuela (1999): Die konzeptionellen Grundlagen der Kommunikationspolitik der Industrie, in: Hermanns, Arnold; Schmitt, Wolfgang; Wißmeier, Urban Kilian (Hrsg.): Handbuch Modemarketing, Band 1, 2. Auflage, Frankfurt am Main, S. 677-712.

Hermanns, Arnold (1999): Grundlagen des Mode-Marketing, in: Hermanns, Arnold; Schmitt, Wolfgang; Wißmeier, Urban K. (Hrsg.): Handbuch Mode-Marketing, Band 1, 2. Auflage, Frankfurt am Main, S. 9-65.

Hermanns, Arnold (1991): Grundlagen des Mode-Marketing, in: Hermanns, Arnold; Schmitt, Wolfgang; Wißmeier, Urban K. (Hrsg.): Handbuch Mode-Marketing: Grundlagen- Strategien- Instrumente; Ansätze für Praxis und Wirtschaft, Frankfurt am Main, 1991, S. 11- 63.

Hildebrandt, Lutz (1998): Kausalanalytische Validierung in der Marketingforschung, in: Hildebrandt, Lutz; Homburg, Christian (Hrsg.): Die Kausalanalyse: Ein Instrument der empirischen betriebswirtschaftlichen Forschung, Stuttgart, S. 85-110.

Hoffman, Douglas K.; Ingram, Thomas N. (1991): Creating Customer-Oriented Employees: The Case in Home Health Care, in: Journal of Human Capacity Management, Vol. 11, Issue 2, S. 24-32.

Homburg, Christian; Krohmer, Harley (2006): Marketingmanagement, 2. Auflage, Wiesbaden.

Homburg, Christian; Giering, Annette; Menon, Ajay (2003): Relationship Characteristics as Moderators of the Satisfaction-Loyalty Link: Findings in a Business-to-Business Context, in: Journal of Business-to-Business Marketing, Vol. 10, No. 3, S. 35-62.

Homburg, Christian; Rudolph, Bettina (2001): Customer satisfaction in industrial markets: dimensional and multiple role issues, in: Journal of Business Research, No. 52, S. 15-33.

Homburg, Christian; Pflesser, Christian (2000): Konfirmatorische Faktorenanalyse, in: Herrmann, Andreas (Hrsg.): Marktforschung, 2. Aufl., Wiesbaden, S. 415-437.

Homburg, Christian; Pflesser, Christian (2000): 4 Multiple Layer Model of Market-Oriented Organizational Culture: Measurement Issues and Performance Outcomes, in: Journal of Marketing Research, Vol. 37, Issue 4, S. 459-478.

Homburg, Christian; Dobratz, Andreas (1998): Iterative Modellselektion in der Kausalanalyse, in: Hildebrandt, Lutz; Homburg, Christian (Hrsg.): Die Kausalanalyse: Ein Instrument der empirischen betriebswirtschaftlichen Forschung, Stuttgart, S. 447-474.

Homburg, Christian (1992): Die Kausalanalyse: Eine Einführung, in: Wirtschaftswissenschaftliches Studium, Heft 10, S. 499-508.

Horstmann, Susanne (1997): Vertikale Vertriebskooperationen in der Bekleidungswirtschaft-Eine Analyse innovativer Distributionskonzepte US-amerikanischer und deutscher Bekleidungshersteller, in: Ahlert, Dieter (Hrsg.): Schriften zu Distribution und Handel, Bd. 25, Frankfurt am Main, 1997.

Howard, John A. (1974): The Structure of Buyer Behavior, in: Farley, John; Howard, John A.; Ring, Winston L. (Hrsg.): Consumer Behavior: Theory and Application, Boston.

Howard, John A.; Sheth, Jagdish N. (1969): The Theory of Buyer Behavior, New York.

Huber, Frank; Matthes, Isabel; Dreckmeier, Lars; Schunk, Holger (2008): Erfolgsfaktoren des Sportsponsorings bei Großereignissen: Eine empirische Untersuchung, Wiesbaden.

Huber, Frank; Herrmann, Andreas; Meyer, Frederik; Vogel, Johannes; Vollhardt, Kai (2007): Kausalmodellierung mit Partial Least Squares: Eine anwendungsorientierte Einführung, Wiesbaden.

Huber, Frank; Herrmann, Andreas; Kressmann, Frank; Vollhardt, Kai (2005): Zur Eignung von kovarianz- und varianzbasierten Verfahren zur Schätzung komplexer Strukturgleichungsmodelle, Arbeitspapier.

Huber, Frank; Herrmann, Andreas; Peter, Sibylle (2003): Ein Ansatz zur Steuerung der Markenstärke, in: Zeitschrift für Betriebswirtschaft, Vol. 73, Nr. 4, S. 345-370.

Hughes, Douglas E.; Ahearne, Michael (2010): Energizing the Reseller's Sales Force: The Power of Brand Identification, in: Journal of Marketing, Vol. 74, July, S. 81-96.

Hulland, John S. (1999): Use of Partial Least Squares (PLS) in Strategic Management Research: A Review of Four Recent Studies, in: Strategic Management Journal, Vol. 20, No. 2, S. 195-204.

Hurrle, Beatrice; Kieser, Alfred (2005): Sind Key Informations verlässliche Datenlieferanten?, in: Die Betriebswirtschaft, Vol. 65, Nr. 6, S. 584-602.

Hüttner, Manfred (1997): Grundzüge der Marktforschung, 5. Auflage, München.

Innis, Daniel E.; La Londe, Bernard J. (1994): Modelling the Effects of Customer Service Performance on Purchase Intentions in the Channel, in: Journal of Marketing Theory and Practice, Spring 1994, S. 45-60.

Jackson, Ralph W.; Neidell, Lester A.; Lunsford, Dale A. (1995): An Empirical Investigation of the Differences in Goods and Services as Perceived by Organizational Buyers, in: Industrial Marketing Management, Vol. 24, Issue 2, S. 99-108.

Jackson, Donald W. Jr.; Keith, Janet E.; Burdick, Richard K. (1987): The Relative Importance of Various Promotional Elements in Different Industrial Purchase Situations, in: Journal of Advertising, Vol. 16, Issue 4, S. 25-33.

Janz, Markus (2004): Erfolgsfaktoren der Beschaffung im Einzelhandel, 1. Auflage, Wiesbaden.

Jarvis, Cheryl B.; MacKenzie, Scott B.; Podsakoff, Philip M. (2003): A Critical Review of Construct Indicators and Measurement Model Misspecifications in Marketing and Consumer Research, in: Journal of Consumer Research, Vol. 30, September, S. 199-218.

John, Deborah Roedder; Loken, Barbara; Joiner, Christopher (1998): The Negative Impact of Extensions: Can Flagship Products Be Diluted?, in: Journal of Marketing, Vol. 62, January, S. 19-32.

Johnston, Wesley J.; Lewin, Jeffrey E. (1996): Organizational Buying Behaviour: Toward an Integrative Framework, in: Journal of Business Research, Vol. 35, Issue 1, S. 1-15.

Johnston, Wesley J.; Bonoma, Thomas V. (1981): The Buying Center: Structure and Interaction Patterns, in: Journal of Marketing, Vol. 45, Issue 3, S. 143-156.

Jöreskog, Karl G. (1982): The LISREL Approach to Causal Model-Building in the Social Science, in: Jöreskog, Karl G.; Wold, Herman (Hrsg.): Systems under Indirect Observation, Band 1, Amsterdam, S. 81-100.

Juha, Munnukka; Pentti, Järvi (2008): Managing Risks in Organizational Purchasing through Adaptation of Buying Centre Structure and the Buying Process, in: Journal of Purchasing & Supply Management, Vol. 14, Issue 4, S. 253-262.

Jung, Hans (2006): Allgemeine Betriebswirtschaftslehre, 10. Auflage, München.

Kabiraj, Sajal; Shanmugan, Joghee (2011): Development of a conceptual framework for brand loyalty: A Euro-Mediterranean perspective, in: Journal of Brand Management, Vol. 18, Issue 4/5, S. 285-299.

Kano, Noriaki; Nobuhiku, Seraku; Fumio, Takahashi; Shinichi, Tsuji (1984): Attractive Quality and Must-Be Quality, in: Hinshitsu (Quality): The Journal of the Japanese Society for Quality Control, No. 14, Issue 2, S. 39-48.

Kassarjian, Harold H.; Sheffet, Marie J. (1991): Personality and Consumer Behavior, in: Kassarjian, H.H. (Hrsg.): Perspectives in Consumer Behaviour, 4th ed., Englewood Cliffs, S. 281-301.

Keh, Hean Tat; Xie, Yi (2009): Corporate reputation and customer behavioral intentions: The roles of trust, identification and commitment, in: Industrial Marketing Management, Vol. 38, S. 732-742.

Kelly Services (2010): Studie zur Mitarbeiterloyalität, http://www.business-wissen.de/mitarbeiterfuehrung/treue-mitarbeiter-krise-bringt-loyalitaetsschub/.

Kennedy, Karen N.; Goolsby, Jerry R.; Arnould, Eric J. (2003): Implementing a Customer Orientation: Extension of Theory and Application?, in: Journal of Marketing, Vol. 67, No. 4, S. 67-87.

Khare, Arpita; Rakesh, Sapna (2010): Predictors of fashion clothing involvement among Indian youth, in: Journal of Targeting, Measurement and Analysis for Marketing, Vol. 18, No. 3/4, S. 209-220.

Kotler, Philip; Armstrong, Gary; Wong, Veronica; Saunders, John (2011): Grundlagen des Marketing, 5. Auflage, München.

Kotler, Philip; Keller, Lane; Bliemel, Friedhelm (2007): Marketing Management: Strategien für wertschaffendes Handeln, 12. Auflage, München.

Kotler, Philip; Pfoertsch, Waldemar (2006): B2B Brand Management, Heidelberg.

König, René (1969): Mode, in: Bernsdorf, Wilhelm (Hrsg.): Wörterbuch der Soziologie, Stuttgart, S. 717-718.

Kreimer, Tim (2005): Der deutsche Textileinzelhandel aus Verbrauchersicht, in: KPMG Studien aus dem Bereich Consumer Markets & Retail, Köln.

Kressmann, Frank; Herrmann, Andreas; Huber, Frank; Magin, Stephanie (2003): Dimensionen der Markeneinstellung und ihre Wirkung auf die Kaufabsicht, in: die Betriebswirtschaft, Vol. 63, Issue 4, S. 401- 418.

Kretz, Gachoucha (2010): "Pixelize Me!": A Semiotic Approach of Self-digitalization in Fashion Blogs, in: Advances in Consumer Research - North American Conference Proceedings, Vol. 37, S. 393-399.

Kristof, Amy (1996): Person-Organization Fit: An Integrative Review of Its Conceptualizations, Measurement and Implications, in: Personnel Psychology, No. 49, Issue 1, S. 1-49.

Kroeber-Riel, Werner; Weinberg, Peter; Gröppel-Klein, Andrea (2009): Konsumentenverhalten, 9. Auflage, München.

Kuenzel, Sven; Halliday, Sue Vaux (2010): The chain of effects from reputation and brand personality congruence to brand loyalty: The role of brand identification, in: Journal of Targeting, Measurement and Analysis for Marketing, Vol. 18, No. 3/4, S. 167-176.

Kumar, Nirmalya; Scheer, Lisa K.; Steenkamp, Jan-Benedict E.M. (1995): The Effects of Supplier Fairness on Vulnerable Resellers, in: Journal of Marketing Research, Vol. 32, No.1, S. 54-65.

Lafferty, Barbara A. (2007): The relevance of fit in cause-brand alliance when consumers evaluate corporate credibility, in: Journal Of Business Research, No. 60, S. 447-453.

Lafferty, Barbara A.; Goldsmith, Ronald E. (1999): Corporate Credibility's Role in Consumers' Attitudes and Purchase Intentions When a High versus a Low Credibility Endorser Is Used in the Ad, in: Journal of Business Research, Vol. 44, Issue 2, S.109-116.

Lahrs, Claus-Dietrich (2010): Brauchen Marken den Fachhandel?, in: Textil Wirtschaft, Sonderheft Das Jahr 2010 vom 23.12.2010, S. 125.

LaPière, Richard T. (1934): Attitudes vs. Actions, in: Social Forces, Vol. 13, S. 230-237.

Lauszus, Dieter; Kalka, Regine (2006): Handbuch Marketingcontrolling, 2. Auflage, Wiesbaden.

Levy, Sidney J. (1985): Dreams, Fairy Tales, Animals, and Cars, in: Psychology and Marketing, Vol. 2, S. 67-81.

Look, Herbert (2008): Kollektionsentwicklung in der Bekleidungsbranche unter besonderer Berücksichtigung empirischer Erfolgsfaktoren, in: Zerres, Michael (Hrsg.): Hamburger Schriften zur Marketingforschung, Band 55, München.

Luo, Xueming; Slotegraaf, Rebecca J.; Pan, Xing (2006): Cross-Functional Coopetition: The Simultaneous Role of Cooperation and Competition within Firms, in: Journal of Marketing, Vol.70, S. 67-80.

Lutz, Richard J. (1985): Affective and Cognitive Antecedents of Attitude Toward the Ad: A Conceptual Framework, in: Alwitt, Linda F.; Mitchell, Andrew A. (Hrsg.): Psychological Process and Advertising Effects: Theory, Research and Application, Hillsdale (NJ), S. 45-63.

Lutz, Richard J.; MacKenzie, Scott B.; Belch, Georg B. (1983): Attitude Toward the Ad as a Mediator of Advertising Effectiveness: Determinants and Consequences, in: Advances in Consumer Research, Vol. 10, No. 1; S. 532-539.

MacCallum, Robert C.; Browne, Michael W. (1993): The Use of Causal Indicators in Covariance Structure Models: Some Practical Issues, in: Psychological Bulletin, Vol. 114, No. 3; S. 533-541.

McCracken, Grant D.; Roth, Victor J. (1989): Does clothing have a code? Empirical findings and theoretical implications in the study of clothing as a means of communication, in: International Journal of Research in Marketing, Vol. 6, S. 13-33.

MacKenzie, Scott B.; Lutz, Richard J. (1989): An Empirical Examination of the Structural Antecedents of Attitude Toward the Ad in an Advertising Pretesting Context, in: Journal of Marketing, Vol. 53, No. 2, S. 48-65.

MacKenzie, Scott B.; Lutz, Richard J.; Belch, Georg B. (1986): The Role of Attitude Toward the Ad as a Mediator of Advertising Effectiveness: A Test of Competing Explanations, in: Journal of Marketing Research, Vol. 23, No. 2, S. 130-143.

Malhorta, Naresh K. (1988): Self-Concept and Product Choice: An Integrated Perspective, in: Journal of Economic Psychology, Vol. 9, No. 1, S. 1-28.

Mango (2011): Blog, http://shop.mango.com/iframe.faces?state=she_004_AL, letzter Abruf: 08. Mai 2011.

Mäßen, Andrea (1998): Werbemittelgestaltung im vorökonomischen Werbewirkungsprozess, Wiesbaden.

Mayer, Hans; Illmann, Tanja (2000): Markt- und Werbepsychologie, 3. Aufl., Stuttgart.

McQuiston, Daniel H. (1989): Novelty, Complexity, and Importance as Causal Determinants of Industrial Buyer Behavior, in: Journal of Marketing, Vol. 53, Issue 2, S. 66-79.

Meffert, Heribert; Burmann, Christoph; Kirchgeorg, Manfred (2010): Marketing: Grundlagen marktorientierter Unternehmensführung: Konzepte- Instrumente- Praxisbeispiele, 10.Auflage, Wiesbaden.

Meffert, Heribert; Burmann, Christoph; Koers, Martin (2005): Stellenwert und Gegenstand des Markenmanagements, in: Meffert, Heribert; Burmann, Christoph; Koers, Martin (Hrsg.): Markenmanagement, 2. Auflage, Wiesbaden, S. 3-17.

Minett, Steve (2002): B2B marketing: A radically different approach for business-to-business marketers, London.

Mittal, Vikas; Kamakura, Wagner A. (2001): Satisfaction, repurchase intent and repurchase behaviour: Investigating the moderating effect of customer characteristics, in: Journal of Marketing Research, Vol. 38, February, S. 131-142.

Mitchell, Andrew A.; Olson, Jerry C. (1981): Are Product Attribute Beliefs the Only Mediator of Advertising Effects on Brand Attitude?, in: Journal of Marketing Research, Vol. 18, No. 3, S. 318-332.

Molinari, Lori K.; Abratt, Russel; Dion, Paul (2008): Satisfaction, quality and value and effects on repurchase and positive word-of-mouth behavioral intentions in a B2B service context, in: Journal of Services Marketing, Vol.22, No.5, S. 363-373.

Moore, Christoher M.; Birtwistle, Grete (2004): The Burberry business model – understanding a brand renaissance, in: International Journal of Retail and Distribution Management, Vol. 32, No.8, S. 412-422.

Moreau, Page; Krishna, Aradhna; Bari, Harlam (2001): The Manufacturer-Retailer-Consumer Triad: Differing Perceptions Regarding Price Promotions, in: Journal of Retailing, Vol. 77, Issue 4, S. 547-569.

Morschett, Dirk (2002): Retail Branding und Integriertes Handelsmarketing: Eine verhaltenswissenschaftliche und wettbewerbsstrategische Analyse, Wiesbaden.

Mudambi, Susan (2002): Branding importance in business-to-business markets: Three buyer clusters, in: Industrial Marketing Management, No. 31, S. 525-533.

Müller, Jürgen (2010): Spezialisten mit Volldampf unterwegs, in: Textil Wirtschaft, Sonderheft Das Jahr 2010 vom 23.12.2010, S. 26.

Naudé, Pete; Buttle, Francis (2000): Assessing Relationship Quality, in: Industrial Marketing Management, Vol. 29, S. 351-361.

Naumann, Earl; Williams, Paul; Khan, M. Sajid (2009): Customer satisfaction and loyalty in B2B services: directions for future research, in: The Marketing Review, Vol. 9, No. 4, S. 319-333.

Neumann, Peter (2001): Markt- und Werbepsychologie, Band 2 Praxis: Wahrnehmung-Lernen-Aktivierung-Image-Positionierung-Verhaltensbeeinflussung-Messmethoden, Gräfelfing.

Nerdinger, Friedemann W.; Von Rosenstiel, Lutz (1999): Psychologie der Mode, in: Hermanns, Arnold; Schmitt, Wolfgang; Wißmeier, Urban Kilian (Hrsg.): Handbuch Modemarketing, Band 1, 2. Auflage, S. 98-115.

Newholm, Terry; Hopkins, Gillian C. (2009): I just tend to wear what I like: contemporary consumption and the paradoxical construction of individuality, in: Marketing Theory, Vol. 9, No. 4, S. 439-462.

Nieschlag, Robert; Dichtl, Erwin; Hörschgen, Hans (2002): Marketing, 19. Auflage, Berlin.

Nippa; Michael, (2001): Intuition und Emotion in der Entscheidungsforschung - State-of-the-Art und aktuelle Forschungsrichtungen, in: Schreyögg, Georg; Sydow, Jörg (Hrsg.): Emotionen und Management, Wiesbaden, S. 213-247.

Nitschke; Axel (2006): Event-Marken-Fit und Kommunikationswirkung: Eine Längsschnittbetrachtung am Beispiel der Sponsoren der FIFA-Fußballweltmeisterschaft, in: Burmann, Christoph; Kirchgeorg, Manfred (Hrsg.): Innovatives Markenmanagement, Wiesbaden.

Nueno, Jose Luis; Quelch, John A. (1998): The mass marketing of luxury, in: Business Horizons, Vol. 41, Issue 6, S. 61-69.

Nyer, Prashanth U. (1997): A study of the relationship between cognitive appraisals and consumption emotions, in: Journal of the Academy of Marketing Science, Vol. 25, S. 296-304.

Ofir, Chezy; Simonson, Itamar (2001): In Search of Negative Customer Feedback: The Effect of Expecting to Evaluate on Satisfaction Evaluations, in: Journal of Marketing Research, Vol. 38, Issue 2, S. 170-182.

Ohlwein, Martin (1999): Märkte für gebrauchte Güter, Wiesbaden.

Okonkwo, Uché (2007): Luxury Fashion Branding: Trends, Tactics, Techniques, Hampshire.

Oliver, Richard L. (1980): A Cognitive Model of the Antecedents and Consequences of Satisfaction Decisions, in: Journal of Marketing Research, Vol. XVII, November, S. 460-469.

Onkvisit, Sak; Shaw, John (1987): Self-Concept and Image Congruence: Some Research and Managerial Implications, in: Journal of Consumer Marketing, Vol. 4, Issue 1, S. 13-23.

Osgood, Charles E.; Tannenbaum, Percy H. (1955): The principle of congruity in the prediction of attitude change, in: Psychological Review, Vol. 62, S. 42-55.

Parasuraman, A.; Berry, Leonard L.; Zeithaml, Valarie A. (1991): Refinement and Reassessment of the SERVQUAL Scale, in: Journal of Retailing, Vol. 67 (Winter), S. 420-450.

Parasuraman, A.; Zeithaml, Valarie A.; Berry, Leonard L. (1988): SERVQUAL: A Multiple-Item Scale for Measuring Consumer Perceptions of Service Quality, in: Journal of Retailing, Vol. 64, Nr. 1, S. 12-40.

Parasuraman, A.; Zeithaml, Valarie A.; Berry, Leonard L. (1985): A Conceptual Model of Service Quality and its Implications for Future Research, in: Journal of Marketing, Vol. 49 (Fall), S. 41-50.

Park, Haesun (2004): US retailer's cooperation with manufacturer promotional support, in: Journal of Fashion Marketing and Management, Vol. 8, No. 4, S. 412-424.

Patt, Paul Josef (1988): Strategische Erfolgsfaktoren im Einzelhandel, Frankfurt am Main.

Patterson, Paul G.; Johnson, Lester W.; Spreng, Richard A. (1997): Modeling the Determinants of Customer Satisfaction for Business-to-Business Professional Services, in: Journal of the Academy of Marketing Science, Vol. 25, Issue 1, S. 4-17.

Perrey, Jesko; Meyer, Thomas (2011): Mega-Macht Marke: Erfolg messen, machen, managen, 3. Auflage, München.

Pesch, Gottfried (1973): Das Moderisiko in der Textilwirtschaft, Schriften zur Textilwirtschaft, Band 16, hrsg. von der Forschungsstelle für allgemeine und textile Marktwirtschaft an der Universität Münster, Münster.

Petrick, James F. (2002): Development of a Multi-Dimensional Scale for Measuring the Perceived Value of a Service, in: Journal of Leisure Research, Vol. 34, Nr. 2, S. 119-134.

Petty, Richard E.; Unnava, Rao A.; Strathman, Alan J. (1991): Theories of Attitude Change, in: Robertsons, Thomas S.; Kassarjian, Harold (Hrsg.): Handbook of Consumer Behavior, Englewood Cliffs: Pentrice Hall, S. 241-280.

Pepels, Werner (2005): Käuferverhalten: Basiswissen für Kaufentscheidungen von Konsumenten und Organisationen, Berlin.

Pförtsch, Waldemar; Schmid, Michael (2005): B2B-Markenmanagement: Konzepte, Methoden, Fallbeispiele, München.

Phau, Ian; Prendergast, Gerard (2000): Consuming luxury brands: The relevance of the `Rarity Principle', in: Journal of Brand Management, Vol. 8, No. 2, S. 122-138.

Piatscheck, Nina (2010): Streetstyle Women – eine TW-Studie, in: Textil Wirtschaft, Sonderheft Das Jahr 2010 vom 23.12.2010, S. 64.

Pratt, Michael G. (1998): To be or not to be: Central questions in organizational identification, in Whetten, David A.; Godfrey, P. C. (Hrsg.): Identity in organizations: Building theory through conversations. Foundations for organizational science, Thousand Oaks: Sage, S. 171-207.

Rauyruen, Papassapa; Miller, Kenneth E. (2007): Relationship quality as a predictor of B2B customer loyalty, in: Journal of Business Research, Vol. 60, S. 21-31.

Reichheld Frederik F.; Schefter Phil (2000): E-loyalty: your secret weapon on the web, in: Harvard Business Review, Vol. 78, Issue 4, S. 105-113.

Ricard, Line; Perrien, Jean (1999): Explaining and evaluating the implementation of organizational relationship marketing in the banking industry: clients' perception, in: Journal of Business Research, Vol. 45, Issue 2, S. 199-209.

Rifon, Nora J.; Choi, Sejung M.; Trimple, Carrie S.; Li, Hairong (2004): Congruence Effects In Sponsorship: The Mediating Role of Sponsor Credibility and Consumer Attributions of Sponsor Motive, in: Journal of Advertising, Vol. 33, No. 1, S. 29-43.

Rindfleisch, Aric; Moorman, Christine (2003): Interfirm Cooperation and Customer Orientation, in: Journal of Marketing Research, Vol. 40, Issue 4, S. 412-436.

Riezebos, Rik (2003): Brand Management: A theoretical and practical approach, Harlow.

Robinson, Patrick J.; Faris, Charles W.; Wind, Yoram (1967): Industrial Buying Behavior and Creative Marketing, Boston.

Rosenberg, Morris J. (1979): Conceiving the self, New York 1979.

Russo, J. Edward; Meloy, Margaret G.; Wilks, T. Jeffrey (2000): Predecisional Distortion of Information by Auditors and Salespersons, in: Management Science, Vol. 46, No. 1, S. 13-27.

Sauer, Horst (1991): Saisonplanungsmodelle, in: Hermanns, Arnold; Schmitt, Wolfgang; Wißmeier, Urban K. (Hrsg.): Handbuch Mode-Marketing: Grundlagen- Strategien- Instrumente; Ansätze für Praxis und Wirtschaft, Frankfurt am Main, 1991, S. 763-779.

Saunders, John A., Watt, F.A.W. (1979): Do Brand Names Differentiate Identical Industrial Products?, in: Industrial Marketing Management, Vol. 8, Issue 2, S. 114-123.

Schäfer, Beate (1989): Mode Marketing: Markenimage und Markentransfer, Augsburg.

Schulze, Peter M. (2000): Strukturgleichungsmodelle mit beobachteten Variablen, in: Herrmann, Andreas; Homburg, Christian (Hrsg.): Marktforschung, 2. Auflage, Wiesbaden, S. 607-632.

Shapiro, Benson P.; Rangan, V. Kasturi; Sviokla, John J. (1992): Staple Yourself to an Order, in: Harvard Business Review, Vol. 82, Issue 7/8, S. 162-171.

Shaw, Jim; Giglierano, Joe; Kallis, Jeff (1989): Marketing complex technical products: the importance of intangible attributes, in: Industrial Marketing Management, Vol. 18, No. 1, S. 45-53.

Shimp, Terence A. (1981): Attitude Toward the Ad as a Mediator of Consumer Brand Choice, in: Journal of Advertising, Vol. 10, No. 2; S. 9-15.

Shemwell, Donald J.; Yavas, Ugur; Bilgin, Zeynep: Customer-service provider relationships: an empirical test of a model of service quality, satisfaction and relationship-oriented outcomes, in: International Journal of Service Industry Management, Vol. 9, Issue 2, S. 155-168.

Sheth, Jagdish N. (1973): A Model of Industrial Buyer Behavior, in: Journal of Marketing, Vol. 37, S. 50-56.

Simoes, Claudia; Dibb, Sally (2001): Rethinking the brand concept: New brand orientation, in: Corporate Communications: An International Journal, Vol. 6, Issue 4, S. 217-224.

Simonin, Bernard L.; Ruth, Julie A. (1998): Is a Company Known by the Company It Keeps? Assessing the Spillover Effects of Brand Alliances on Consumer Brand Attitudes, in: Journal of Marketing Research, Vol. 35, February, S. 30-42.

Sirgy, M. Joseph; Grewal, Dhruv; Mangleburg, Tamara F.; Park, Jae-Ok; Kye-Sung Chon; Claiborne, C.B., Johar, J.S.; Berkman, Harold (1997): Assessing the Predictive Validity of Two Methods of Measuring Self-Image Congruence, in: Journal of the Acadamy of Marketing Science, Vol. 25, Issue 3, S. 229-241.

Skinner, Steven J.; Gassenheimer, Jule B.; Kelley, Scott W. (1992): Cooperation in Supplier-Dealer Relations, in: Journal of Retailing, Vol. 68, Issue 2, S. 174-193.

Smith, C. A.; Halliday, J. S.; Hall, D. J. (1985): Analysis of order-handling systems as a means of determining influences on throughput times and productivity, in: International Journal of Production Research, Vol. 23, No. 5, S. 867-878.

Söderlund, Magnus (1998): Customer satisfaction and its consequences on customer behaviour revisited: The impact of different levels of satisfaction on word-of-mouth, feedback to the supplier and loyalty, in: International Journal of Service Industry Management, Vol. 9, No. 2, S. 169-188.

Stock, Ruth Maria; Hoyer, Wayne D. (2005): An Attitude-Behavior Model of Salespeoples's Customer Orientation, in: Journal of the Academy of Marketing Science, Vol. 33, No. 4, S. 536-552.

Sudharshan, D.; Winter, Frederick (1998): Strategic segmentation of industrial markets, in: Journal of Business & Industrial Marketing, Vol. 13, No. 1, S. 8-21.

Sweeney, Jillian C.; Soutar, Geoffrey N.; Johnson, Lester, W. (1999): The role of perceived risk in the quality-value relationship: A study in a Retail Environment, in: Journal of Retailing, Vol. 75, No. 1, S. 77-105.

Tax, Stephen S.; Brown, Stephen W.; Chandrashekaran, Murali (1998): Customer Evaluations of Service Complaint Experiences: Implications for Relationship Marketing, in: Journal of Marketing, No. 62 (April), S. 60-76.

Thompson, Keith; Knox, Simon; Mitchell, Helen (1998): Business to business brand attributes in a changing purchasing environment, in: Irish Marketing Review, Vol. 10, No. 2, S. 25-32.

Traynor, Kenneth; Traynor, Susan (2004): A comparison of marketing approaches used by high-tech firms: 1985 versus 2001, in: Industrial Marketing Management, No. 33, S. 457-461.

Trommer, Gerd (1984): Damit kein Image-Vakuum entsteht ... - Was denken Investoren über ihre Lieferanten?, in: Absatzwirtschaft, Sonderausgabe, 10, S. 86-90.

Trommsdorff, Volker (2004): Konsumentenverhalten, 6. Auflage, Stuttgart.

Turley, L.W.; Kelley Scott W. (1997): A Comparison of Advertising Content: Business to Business Versus Consumer Services, in: Journal of Advertising, Vol. 26, Issue 4, S. 39-48.

Turner, John C.; Hogg, Michael A.; Oakes, Penelope J.; Reicher, Stephen D.; Wetherell, Margaret S. (1987): Rediscovering the social group: A Self-Categorization Theory, New York.

Tzou, Ren-Chuen; Lu, Hsi-Peng (2009): Exploring the emotional, aesthetic, and ergonomic facets of innovative product on fashion technology acceptance model, in: Behaviour & Information Technology, Vol. 28, No. 4, S. 311-322.

Urban, Dieter (1991): Die kognitive Struktur von Umweltbewusstsein: Ein kausalanalytsicher Modelltest, in: Zeitschrift für Sozialpsychologie, 3. Jg (1991), S. 166-181.

Vollhardt, Kai (2007): Management von Markenportfolios: Gestaltung und Erfolgsauswirkungen aus Unternehmersicht, Diss., Wiesbaden.

von Wangenheim, Florian (2003): Weiterempfehlung und Kundenwert - ein Ansatz zur persönlichen Kommunikation, Wiesbaden.

Wheatley, Thalia; Haidt, Jonathan (2005): Hypnotic Disgust Makes Moral Judgments More Severe, in: Psychological Science, Vol.16, No.10, S. 780-784.

Webster, Frederick E.; Keller, Kevin Lane (2004): A roadmap for branding in industrial markets, in: Brand Management, Vol. 11, No. 5, S. 388-402.

Webster, Frederick E. (2000): Understanding the Relationships Among Brands, Consumers, and Resellers, in: Journal of the Academy of Marketing Science, Vol. 28, No. 1, S. 17-23.

Webster, Frederick E.; Wind, Yoram (1972): A General Model for Understanding Organizational Buying Behavior, in: Journal of Marketing, Vol. 36, Issue 2, S. 12-19.

Weis, Michaela; Huber, Frank (2000): Der Wert der Markenpersönlichkeit: Das Phänomen der strategischen Positionierung von Marken, Wiesbaden.

Wilson, Elizabeth J.; Lilien, Gary J.; Wilson, David T. (1991): Developing and Testing a Contingency Paradigm of Group Choice in Organizational Buying, in: Journal of Marketing Research, Vol. 28, November, S. 452-466.

Wong, Amy; Sohal, Amrik (2002): An examination of the relationship between trust, commitment and relationship quality, in: International Journal of Retail & Distribution Management, Vol. 30, No. 1, S. 34-50.

Workman, Jane E.; Caldwell, Lark F. (2007): Centrality of visual product aesthetics, tactile and uniqueness needs of fashion consumers, in: International Journal of Consumer Studies Vol. 31, S. 589-596.

Zerr, Konrad (2001): Online-Marktforschung, in: Theobald, Axel; Dreyer, Marcus; Starsetzki, Thomas (Hrsg.): Online-Marktforschung, Wiesbaden, S. 7-26.

Zinkhan, Georg M.; Hong, Jae W. (1991): Self Concept and Advertising Effectiveness: A Conceptual Model of Congruency, Conspicuousness, and Response Mode, in: Advances in Consumer Research, Vol. 18, S. 348-354.